智慧杰瑞
做全球能源装备解决方案的引领者

烟台杰瑞石油装备技术有限公司（简称"杰瑞装备"）作为烟台杰瑞石油服务集团股份有限公司（股票代码 SZ002353）的全资子公司，是集高端油气开发装备的研发、生产、销售、服务于一体的高新技术企业。作为全球专业的能源装备解决方案引领者，杰瑞装备能够向客户提供全套油气田开发解决方案和模块化交付，并基于非常规能源开发不断推出尖端产品。

 官方微信　 官方微博　 抖音号

烟台杰瑞石油装备技术有限公司

地址：中国山东省烟台市莱山区杰瑞路 27 号　邮编：264003
电话：400-816-2161　邮箱：sales@jereh.com
网址：www.jereh-pe.com

压裂成套装备
中国专业压裂成套解决方案引领者

中国陆上油气开发压裂装备 2024

中国石油和石油化工设备工业协会
中石化石油机械股份有限公司 ◎编著
烟台杰瑞石油装备技术有限公司

石油工业出版社

内容提要

本书凝聚中国压裂装备研发者数十年来的技术积累与实践经验，简要描述了油气开发和压裂开发技术现状，详细介绍了压裂泵送设备、混砂设备、仪表设备及管汇设备等 4 大主体设备与 12 项配套辅助设备的组成、特点、型号及参数，简述了 16 项设备制造及使用维护行业 / 团体标准，是国内首部全面介绍压裂装备行业发展现状的专业书籍。本书的出版，对提升压裂装备自主创新研发能力将起到重要作用。

本书可供油气压裂施工和管理人员、压裂装备设计和制造人员阅读，也可供高等院校相关专业师生参考。

图书在版编目（CIP）数据

中国陆上油气开发压裂装备 . 2024 / 中国石油和石油化工设备工业协会，中石化石油机械股份有限公司，烟台杰瑞石油装备技术有限公司编著 . -- 北京：石油工业出版社，2025.4. -- ISBN 978-7-5183-7464-9

Ⅰ . TE934

中国国家版本馆 CIP 数据核字第 2025M3Z632 号

出版发行：石油工业出版社

（北京安定门外安华里 2 区 1 号　100011）

网　　址：www.petropub.com

编辑部：（010）64523693　　图书营销中心：（010）64523633

经　　销：全国新华书店

印　　刷：北京九州迅驰传媒文化有限公司

2025 年 4 月第 1 版　2025 年 4 月第 1 次印刷

880×1230 毫米　开本：1/16　印张：11

字数：253 千字

定价：180.00 元

（如出现印装质量问题，我社图书营销中心负责调换）

版权所有，翻印必究

编委会

主　编： 王峻乔

副主编： 张冠军　潘灵永　吴义朋

编　委： （以姓氏笔画为序）

　　　　　　王大利　王逸达　卢战区　白明伟　吕　亮　朱孟伟
　　　　　　仲跻风　任　科　刘　傲　刘灿源　刘海亮　李　青
　　　　　　李　哲　李华川　杨庆东　肖　勇　邹连阳　应　杰
　　　　　　汪　洁　宋志龙　张　波　张国友　张忠平　张洪耐
　　　　　　陈新龙　林耀军　郑家伟　练国春　赵明建　赵洪波
　　　　　　赵崇胜　胡守林　骆竖星　黄鲲鹏　曹晓宇　彭平生
　　　　　　董富强　谢梅英　翟尚江　黎宗琪　戴启平

执　笔： 王云海　李莉莉

编著单位

主编单位： 中国石油和石油化工设备工业协会
　　　　　　中石化石油机械股份有限公司
　　　　　　烟台杰瑞石油装备技术有限公司

参编单位： （以单位名称拼音为序）
　　　　　　三一能源装备有限公司
　　　　　　四川宝石机械专用车有限公司
　　　　　　四川宏华电气有限责任公司
　　　　　　中国石油集团油田技术服务有限公司
　　　　　　中国石化集团石油工程技术服务股份有限公司
　　　　　　中国石油集团川庆钻探工程有限公司

序 一
FOREWORD I

为中国石油人的梦想而战

油气安全关系国计民生。以页岩油气、煤岩气等为代表的非常规油气储量丰富，勘探开发潜力大，利用大型压裂装备进行储层压裂改造是其效益开发的决定性手段，也是保障国家能源安全的重要战略举措，缺乏大型压裂装备上述油气开发只能望而却步。立足国家重大战略需求，我国一代代石油装备工作者深入贯彻落实习近平总书记关于大力提升油气勘探开发力度、能源的饭碗必须端在自己手里等重要指示批示精神，通过核心技术突破、关键装备研制，打造了一批新型"国之重器"，推动我国压裂装备发展从以"跟跑"为主向"并跑、领跑"的重大转变，助力我国非常规油气"从无到有，从小到大"，已成为我国天然气产量重要增长极，引领中国油气开发逐步进入"非常规"时代。

压裂装备作为油气开发的高端装备，自 20 世纪新中国石油工业建立之初，在多年的发展历程中长期依赖进口。自 20 世纪 80 年代以来，以中石化四机石油机械有限公司（简称"四机公司"）为代表的骨干企业，以国家重大需求为导向，以"技贸结合"的方式，引进国外西方公司先进技术开始了大型压裂装备的国产化攻关，在 1998 年研制出全国首台套 2000 型压裂成套机组，实现了大功率压裂装备国产化零的突破。进入 21 世纪以来，压裂装备市场化浪潮踏浪前行，以四机公司为引领，烟台杰瑞石油服务集团股份有限公司、宝鸡石油机械有限责任公司等 10 余家油气装备企业先后加入压裂装备研制领域。各装备制造企业或以国家重大科研项目为支撑，或以解决用户痛点为目标，纷纷加大资金、人员及研发工作量的投入，坚持技术创新与管理创新"双轮驱动"，形成了以国家主导、企业主体、市场调节、产学研用一体化的协同创新机制，聚智协力，突破了关键核心技术，先后研制出世界首台套 2500 型压裂车组/3000 型压裂车组，获国家科技进步奖，聚焦绿色化、电动化，自主研制出世界首台套 5000 型/6000 型/7000 型/8000 型电动压裂机组，解决了压裂装备"有没有""好不好"的难题，实现了压裂装备行业的重大技术突破与装备快速迭代优化。特别是在"十二五"和"十三五"国家科技创新成就展上，压裂装备两次接受习近平总书记的检阅，迎来了压裂装备工作者的高光时刻。

压裂装备的发展始终面向我国压裂工程发展对装备提出的新需求，经过持续攻关，攻克了压裂装备大功率与轻量化、大排量高能混砂、超高压管汇设计制造、压裂装备高精集群控制等技术瓶颈，在压裂装备领域，形成了压裂泵送设备、混砂设备、仪表设备、管汇设备四大主体设备，系列化涵盖柴油机驱动、电机驱动、涡轮动力驱动以及液压驱动等多种形式，研制出混配设备、储供砂设备、液氮泵注设备、二氧化碳增压设备、供液/供酸设备、配酸设备、添加剂设备、集中供油、储液、储能及燃气发电设备等12项配套设备，压裂成套装备的配套能力大幅提升，建立了装备制造及使用维护行业/团体标准16项。当前压裂装备全面实现了从无到有、从弱到强的战略目标，自2006年，扭转了压裂装备依赖进口的被动局面。截至目前，累计生产压裂装备900余万水马力，压裂装备电动化率提升至38%以上，整体技术水平跨入国际"第一方阵"，在中国石油、中国石化、中国海油及民营等工程油服公司广泛应用，刷新多项压裂工程施工新纪录，打造了压裂绿色"电动革命"。同时，研制的装备及关键部件等批量出口北美、俄罗斯、中东等10多个国家和地区，压裂装备产业规模也呈现爆发式增长，产生了广泛的经济和社会效益，为落实习近平总书记"四个革命、一个合作"能源安全新战略奠定了坚实的技术和装备保障。

《中国陆上油气开发压裂装备2024》是在中国石油和石油化工设备工业协会的组织下，在广大陆上油气压裂装备制造企业的支持下，首次系统总结30多年来中国油气开发装备行业取得的创新成果：特别是在压裂装备技术创新与研制方面取得的重大进展与标志性成果，先后经历部件到整机、进口到国产、柴驱到电驱、单机控制向成套机组自动控制转变；特别是面对国外压裂装备无法满足我国油气开发需求时，压裂装备研发工作者在大功率、轻量化、电动化方面打破常规，实现自主突破。数万名压裂装备科研工作者以"为祖国加油、为民族争气"的历史担当，高质量完成了压裂装备重大科技成果的攻关与凝练总结工作，为科技成果转化成现实生产力贡献了力量，给广大石油工程与装备技术研发者与管理者提供了源源不断的动力。本书的正式出版，对加快装备科研成果的全面推广、提升非常规油气压裂装备自主创新能力与科技水平、支撑国家油气安全保障能力发挥重要作用，同时也是在中国陆地油气压裂装备领域具有里程碑意义的一件大事。

感谢成千上万的石油人为油气开发特别是压裂装备的发展做出的巨大贡献，感谢参与本书编制和审校的制造企业、工程技术企业的专家。在世界能源装备绿色低碳、高端智能转型发展的关键时期，要实现"中国制造"向"中国创造"的转变，广大压裂装备从业者要理清新一代科技革命对传统装备制造业带来的挑战，进一步认清当前压裂装备面临的具体形势，保持战略定力、志存高远，以"为者常成、行者常至"的朴素哲学思维加强油气压裂装备科技攻关力度，提高压裂装备含"智"、含"绿"水平，提升油气勘探开发装备保障力度，在"深地""深海""非常规油气"等领域不断打造油气装备创新高地，引领行业发展路线，特别是要以担当国家科技自立自强为己任，以技术创新为突破口，加快布局低碳、新能源装备发展的新事业。让我们共同为中国石油人的梦想而战，为我国实现能源独立，建成世界能源强国、科技强国，实现中华民族伟大复兴做出新的更大贡献。

中国石油和石油化工设备工业协会会长 刘宏斌

2025年4月

序 二
FOREWORD II

国之脊梁：从使命到重器的跨越

油气是工业的血液。非常规油气的开发对保障能源安全、推动能源转型至关重要。压裂装备作为打开这些地下油气宝藏的"金钥匙"，是实现非常规油气高效开发的核心装备。

作为一名在油气装备领域从业近四十年的石油人，有幸亲身见证并参与了中国压裂装备制造业从无到有、从小到大、从弱到强的跨越式发展历程，以四机公司等为代表的国内企业，始终坚持"打造大国重器，服务能源安全"的初心使命，通过"引进、消化吸收、到再创新"技术路线，逐步解决了压裂装备"有没有""好不好""能不能领先"三大问题，推动中国压裂装备从跟跑、并跑到领跑，最终跻身国际第一方阵，成为保障国家能源安全、支撑非常规油气高效开发的"国之重器"。

在我国石油工业建立初期，压裂装备领域几乎"一穷二白"，长期依赖从苏联、美国、法国及加拿大等国进口，核心技术被国外垄断长达30余年。1989年起，四机公司采用技贸结合的方式引进并消化吸收西方先进的压裂泵、高压管汇技术，面对无技术资料、无专业设备的困境，自力更生、土法上马，通过一点一滴摸索与创新，先后成功研制出中国首台套700型、1000型、1800型和2000型压裂车，彻底打破了国外技术垄断，逐步实现了压裂装备国产化。

在2007年至2015年期间，随着低渗油气和页岩油气资源的开发，国内压裂工作量以年均20%的速度快速增长。然而，油气作业区域多分布于山区、丘陵等复杂地形地貌条件下，国外拖装式压裂装备因外形尺寸大、承压能力不足，难以满足开发需求。面对这一挑战，四机公司紧盯国内油气装备重大需求，坚持自主创新，依托国家"863计划"和国家科技重大专项，突破了超高压大功率压裂泵车及轻量化集成、大规模压裂液全流程高效混输、大型压裂工程成套装备集群化控制等一系列关键技术，成功研制出世界首台套2500型/3000型压裂车组，单机输出功率、工作压力、功率质量比等核心指标达到国际领先水平，有力支撑了普光、涪陵、长庆等油气田的规模化开发。其中，3000型压裂车组亮相国家"十二五"科技创新成就展，"超高压大功率油气压裂机组研制及集群化应用"荣获国家科技进步奖。这一系列成就标志着中国压裂装备实现了完全自主设计与研发，推动中国压裂装备技术跻身世界先进行列。

2016年以来，随着油气行业高质量发展成为时代命题，压裂装备绿色高效化与核心部件自主化成为亟待解决的行业痛点。面对这一挑战，四机公司秉持"国之所需，企之所能"的使命担当，持续在装备技术与工程发展两个方向对标国际先进水平，精准识别国内外压裂工程对装备的新需求与新变化，大胆启动并探索国产大功率电机及变频控制系统的应用，成功攻克了高可靠长寿命电动压裂装置集成、大功率电传与控制、175MPa特高压管汇及安全保障等关键技术难题，研制出世界首台套5000型/8000型电动压裂装备，单机最大输出功率达8000hp，最高工作压力达175MPa，性能指标达到国际领先水平。其中，5000型电动压裂机组亮相国家"十三五"科技创新成就展，受到党和国家领导人的检阅和高度关注，先后入选国家发展改革委《绿色技术推广目录》和国资委《中央企业科技创新成果推荐目录》，并在川渝、胜利、大庆、新疆等地区推广应用，特别是在涪陵、胜利等国家级页岩油气示范区，推动压裂工程施工效率提升60%以上，作业成本降低20%以上，施工噪声控制在95分贝以下，单井减少氮氧化物排放760t。这一系列成果标志着中国压裂装备实现了从传统"柴驱"到绿色"电驱"的重大跨越，为油气行业绿色转型和高质量发展提供了强有力的技术支撑。

"一枝独放不是春，百花齐放春满园"。四机公司始终秉持"合作、创新、共赢"的发展理念，与国内优秀同行携手并进，共同谱写了中国压裂装备从无到有、从弱到强的辉煌篇章。2006年，高端压裂装备依赖进口的局面被彻底扭转，以四机公司为代表的中国压裂装备制造企业累计生产压裂装备900余万水马力，推动中国成为全球第二大压裂装备生产制造国，并在压裂装备电动化、自动化领域引领全球发展方向。与此同时，四机公司积极参与国际竞争与合作，被授予"湖北省引进国外智力示范单位"，两名外籍员工荣获中国政府"友谊奖"；产品远销美国、俄罗斯、中东等国家和地区，在国际市场上树立了中国制造的高端形象，彰显了中国压裂装备技术的全球竞争力与影响力，用实际行动践行习近平总书记"能源的饭碗必须端在自己手里""把装备制造牢牢抓在自己手里"等重要指示精神。

《中国陆上油气开发压裂装备2024》凝聚了以四机公司为代表的中国压裂装备研发制造企业数十年来的技术积累与实践经验，系统梳理了压裂装备的型号、制造、应用及标准等内容，是一部全面介绍压裂装备行业发展现状的专业书籍。展望未来，在高质量发展的新征程中，作为中国压裂装备制造业的"脊梁"，我们将始终坚持创新驱动发展，加速推进装备绿色低碳转型与智能化升级，以"技术破壁"回应时代命题与市场需求，致力于打造更多"国之重器"，推动压裂装备向高端化、数字化、智能化、绿色化方向迈进，书写中国压裂技术装备的新篇章，为全球油气行业的高效开发与可持续发展贡献中国智慧与力量。

中石化石油机械股份有限公司董事长、党委书记

2025年4月

前言
PREFACE

  陆上油气开发压裂装备是石油与天然气勘探开发作业特别是非常规油气增加产量的重要技术装备，是石油天然气资源开发不可或缺的重大关键设备。

  《中国陆上油气开发压裂装备2024》的编制与发布，旨在描述目前中国陆上压裂地面设备的产品种类、型号规格与技术水平，力求全面反映行业发展状况，为相关政府部门和企事业单位制定产业政策和发展战略提供参考。

  《中国陆上油气开发压裂装备2024》由中国石油和石油化工设备工业协会及所属中石协非常规油气装备分会组织编制，中石化石油机械股份有限公司和烟台杰瑞石油装备技术有限公司联合主编，三一能源装备有限公司、四川宝石机械专用车有限公司、四川宏华电气有限责任公司、中国石油集团油田技术服务有限公司、中国石化集团石油工程技术服务股份有限公司、中国石油集团川庆钻探工程有限公司等单位参与编制。

  《中国陆上油气开发压裂装备2024》的编制，得到了中石协、中国石油、中国石化等有关领导专家的悉心指导和大力支持，在此一并表示感谢。

  限于水平和信息来源，本书难免有疏漏之处。竭诚欢迎相关单位或个人及时指出，或提供更加专业、精准、详实的信息，共同关心和支持压裂装备行业的高质量和可持续发展。

目 录
CONTENTS

第一章　概述 ·· 1
　　第一节　油气开发与压裂技术现状 ·· 3
　　第二节　压裂成套装备组成及发展 ·· 8
　　第三节　典型压裂成套装备配置与应用 ······································ 14

第二章　压裂成套装备主体设备 ·· 19
　　第一节　压裂泵送设备 ·· 21
　　第二节　混砂设备 ·· 35
　　第三节　仪表设备 ·· 45
　　第四节　管汇设备 ·· 64

第三章　压裂成套装备配套设备 ·· 87
　　第一节　压裂泵 ··· 89
　　第二节　混配设备 ·· 96
　　第三节　储供砂设备 ··· 103
　　第四节　液氮泵送设备 ·· 108
　　第五节　二氧化碳增压设备 ·· 112
　　第六节　供液/供酸设备 ·· 115
　　第七节　配酸设备 ·· 118
　　第八节　添加剂设备 ··· 121
　　第九节　储液罐 ··· 125
　　第十节　集中供油设备 ·· 127
　　第十一节　储能设备 ··· 128
　　第十二节　燃气发电设备 ··· 132

第四章　相关标准与技术规范 …… 135

第一节　压裂成套装备标准 …… 137
第二节　整机与部件标准 …… 140
第三节　使用维护与应用规范 …… 145

第五章　主要企业简介 …… 149

中石化石油机械股份有限公司 …… 151

烟台杰瑞石油装备技术有限公司 …… 154

三一能源装备有限公司 …… 155

四川宝石机械专用车有限公司 …… 156

四川宏华电气有限责任公司 …… 157

参考文献 …… 158

第一章
概 述

第一章 概述

中国油气工业历经百年探索，已经建立了完善的组织运作体系，形成了科学规范的石油学科，打造了一批国之重器，培养了一批高端石油人才，为国家经济发展和社会建设发挥了中流砥柱的作用。新时代，中国油气企业认真贯彻习近平总书记"大力提升国内油气勘探开发力度，努力保障国家能源安全""能源的饭碗必须端在自己手里"等重要批示指示精神，全面落实"七年行动计划"，坚持"常非并举"，上下同心、攻坚克难，全力开创了油气勘探开发新局面。本章主要介绍油气开发现状、压裂技术与压裂成套装备发展。

第一节 油气开发与压裂技术现状

一、油气开发现状与挑战

1. 油气开发现状

我国油气资源丰富，具有很大的勘探开发潜力，勘探发现总体保持良好势头，油气储量高位增长，自然资源部2020年全国石油天然气资源勘查开采通报显示[1]，全国已探明油气田共计1060个。根据油气开发实践历程与开发理论认识及技术进步，我国油气开发可分为起步、常规油气开发、低渗难采油气开发、页岩油气规模效益开发四个阶段[2]，其中页岩油气规模效益开发阶段针对当下油气增储上产意义重大（图1-1）。随着长庆油田姬源、庆城，新疆油田玛湖、吉木萨尔，胜利油田济阳坳陷等地区油气资源获得重大突破，苏里格、塔里木、普光、元坝、涪陵等陆上大气田的逐渐开发，2022年全国原油产量重回 2.05×10^8 t，2023年增长至 2.09×10^8 t；同时国内天然气产量高速增长，从2016年的 $1369 \times 10^8 m^3$，增长至2023年的 $2324 \times 10^8 m^3$，仅用7年时间天然气产量增长近千亿立方米。

页岩油气规模效益开发得益于水平井钻井技术和大规模压裂储层改造技术的突破，从2005年起，国内开始关注页岩油气资源，2010年以来建成了长宁—威远、涪陵、昭通国家级页岩气示范区，以及吉木萨尔、大庆古龙、胜利济阳页岩油国家级示范区。中国石油2011年实施水平井宁201-H1井，在龙马溪组页岩段压裂获得商业气流，实现页岩气商业性开发突破，拉开了威远地区乃至中国页岩气开发的序幕。中国石化涪陵气田是中国首个投入商业开发的页岩气田，也是目前中国最大的页岩气田，气田 2012 年底开发建设，截至 2024 年 6 月气田累计产量突破 $650×10^8m^3$。总体来看，中国页岩油气开发起步较晚，尚处于勘探开发初期阶段，依托川南、涪陵两个页岩气大气田，形成了以水平井多段压裂为主体的勘探开发技术与装备体系，获得了海相页岩气勘探开发的成功经验，创建"大井丛、立体式、工厂化"开发模式，接连攻克致密气、页岩油开发世界难题，打开了低品位资源规模效益开发新局面，引领中国油气开发进入"非常规"时代。

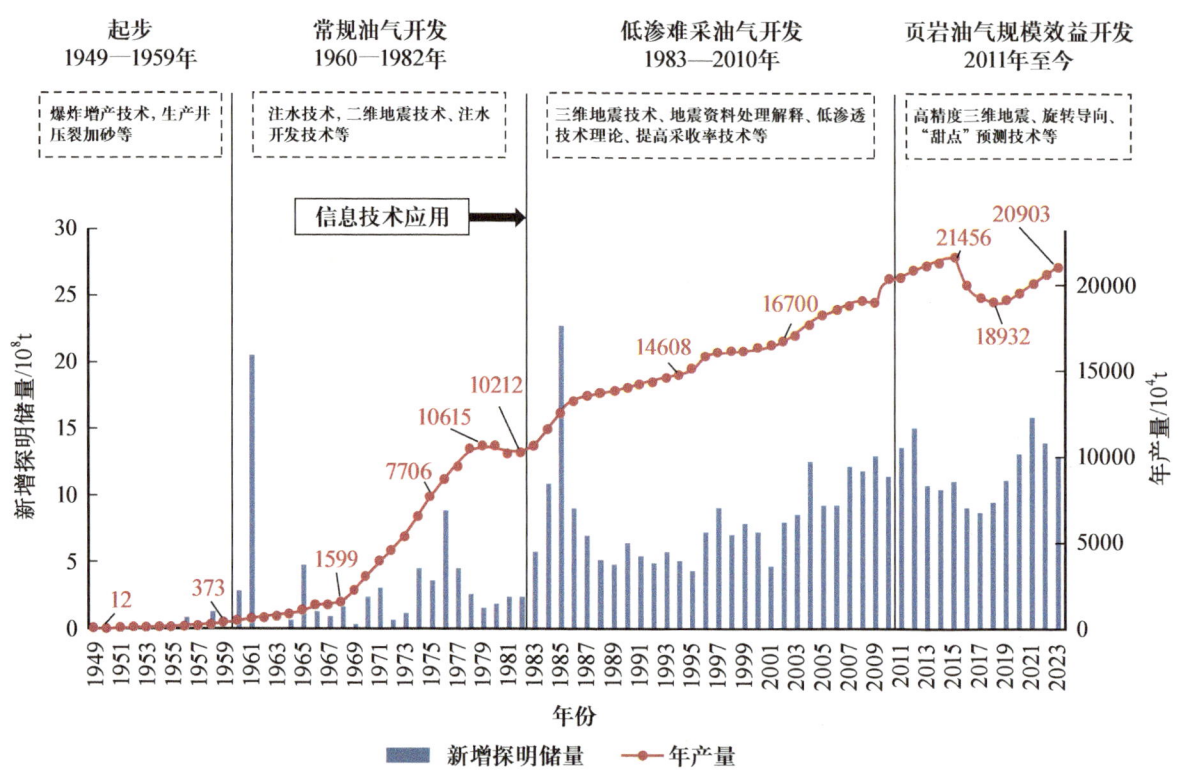

图 1-1　1949—2023 年中国原油新增地质探明储量、年产量与技术阶段划分图[2]

2. 面临的挑战

虽然油气勘探开发取得显著成绩，但是随着我国经济的高速增长，石油需求量越来越大，石油开发和需求之间仍然面临十分严峻的挑战。自 1993 年中国成为石油净进口国以来，对进口石油的依赖程度也越来越高。据中国工程院和国际能源署（IEA）等单位预测：中国未来将长期处于油气短缺状态，目前我国对国外石油依赖度已经超过 70%，预计石油天然气对外依存度到 2030 年将提高到 80% 以上，另据《中国能源展望 2060》（2024 年版）预测，石油和天然气消费将分别于 2026 年和 2040 年前后达峰，届时将在能源消费总量中占比分别为 28% 和 15%，对石油天然气进口需求在未来很长一段时间不会减少，对外依赖程度已严重影响我国能源安全（图 1-2）。

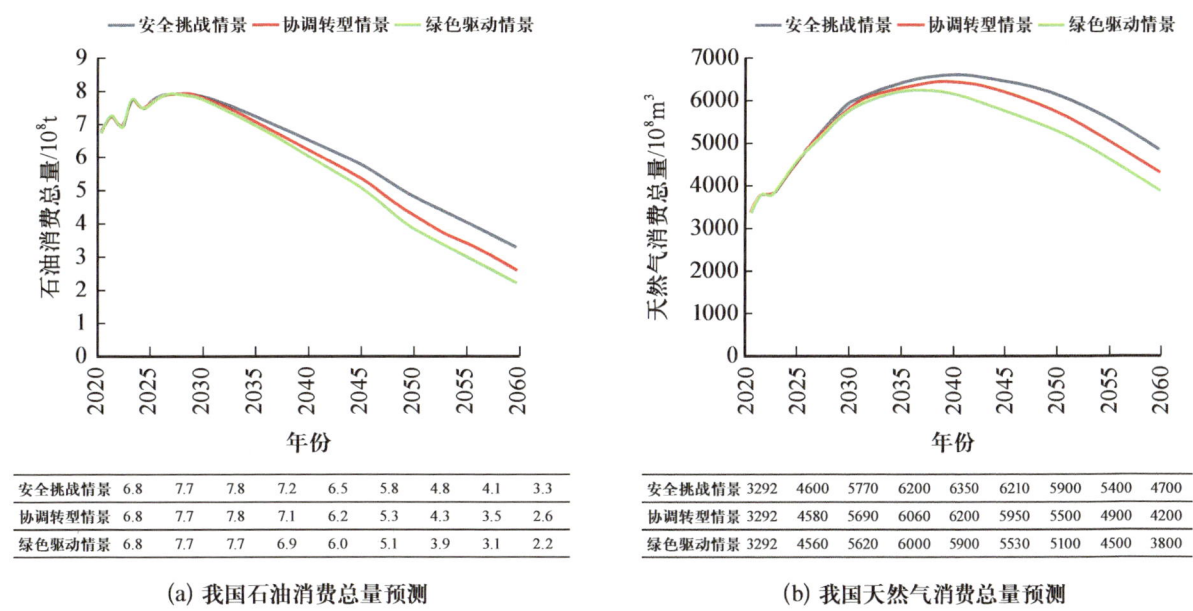

图 1-2 我国石油和天然气消费总量预测图

针对油气增产稳产需求，东部的老油田已进入开发中后期，稳产难度大；西部油田更多的低品位、低渗透油区有待开发，尤其是深层天然气开发难度越来越大；非常规油气资源的勘探开发也加快步伐。这些油气田开发情况的变化，不断地给石油工程技术、装备、工具带来新的挑战和需求[3]。展望未来，我国油气开发面临新的严峻挑战，如何加强国内油气勘探开发技术研发，解决好非常规油气资源、深层油气资源和老区剩余油气资源在勘探开发中面临的突出问题，实现可持续发展，已成为中国石油行业共同关注的难题。

二、压裂技术发展与趋势

1. 压裂技术发展历程

压裂作为油气开发尤其是非常规油气开发的必要手段，在油气田开发工程中扮演着越来越重要的角色。压裂施工是通过注入高压流体使井底地层形成具有足够大的填砂裂缝，以增加油气的流动性、提高油气单井产量的一种行之有效的方法。压裂后，油气井投产和单井产量可达原先的几倍至几十倍。近年来，分段压裂、裂缝性气藏压裂、火山岩压裂、降滤压裂、转向压裂、控缝高压裂等水平更加成熟，页岩油气水平井压裂技术工艺不断提升至目前的"千方砂万方液密切割"。

压裂开发技术也经历了由简单到复杂，由直井到水平井分段压裂，由传统解堵压裂到低渗透及非常规储层高效改造的三大变革。国内压裂技术发展主要经历了 4 个阶段：

（1）起步阶段（1949—1959年）：延长油矿建成了中国陆上第一口油井，属于单井小型压裂阶段，施工规模较小，主要以单层适度规模压裂、解除地层伤害为主，压裂设备大多为固井水泥车。

（2）常规油气开发阶段（1960—1982年）：发现了大庆油田特大型陆相砂岩油田，属于中型压裂阶段，施工规模提高，增大了储层改造体积，提高了低渗透油层的导流能力，压裂设备为1000型压裂机组。

（3）低渗难采油气开发阶段（1983—2010年）：以中国首个大型特低渗透的长庆安塞油田开发建设为起点，开始了整体压裂阶段，压裂技术以油藏整体为单元，支撑剂和压裂液得到规模化应用，大幅度提高了储层的导流能力，压裂设备为2000型压裂机组。

（4）页岩油气规模效益开发阶段（2011年至今）：建成长宁—威远、涪陵、昭通、胜利济阳等国家级页岩油气示范区，实现规模效益开发，形成了水平井多段压裂为主体的勘探开发技术与装备体系，接连攻克致密气、页岩油开发等世界难题，压裂设备为2500型以上的大型、超大型压裂机组。

通过梳理压裂技术发展历程与创新步伐，变化主要体现在以下"五大核心要素"：（1）压裂方案，指进行方案优化的软件及工艺；（2）压裂装备，指产生较高排量、压力的泵车；（3）压裂工具，指满足不同井况的封隔工具；（4）压裂液，指携带支撑剂进入地层的液体；（5）支撑剂，指支撑裂缝形成导流能力的材料[4]。

同时，从储层改造角度，岩石属性、杨氏模量、泊松比、地应力、储层物性、含油气性、层理结构、天然裂缝可称为"八项属性要素"，体现储层的品质，也反映产能的潜力。此外，"十个工艺要素"，即段数、簇数、液量、砂量、排量、缝长、缝高、缝宽、返排率、增产量，是方案优化的主要任务。总之，储层改造首先通过科技创新提升"五大核心要素"能力，其次依靠研发的检测技术充分认清"八项属性要素"，最后应用高水平软件优化"十个工艺要素"，将"五大核心要素"与"八项属性要素""十个工艺要素"有机结合，通过储层改造进行效益开发，实现油气增储上产。

2. 压裂技术应用现状

据不完全统计，近年来仅中国石油每年压裂改造工作量约1.1万口井，达4.6万层段以上，2021年改造总层段数约为5.5万段。2021年，美国年改造井数为11121口，总段数约为33万段，水平井和定向井成为其主体。相比之下，中国石油2021年改造井数与之相当，但改造段数仅为美国的1/6，直井占比为82.8%，而美国仅为19%。此外，2016年以来，美国直井数持续减少，而国内直井仍保持增长态势（图1-3和图1-4）。

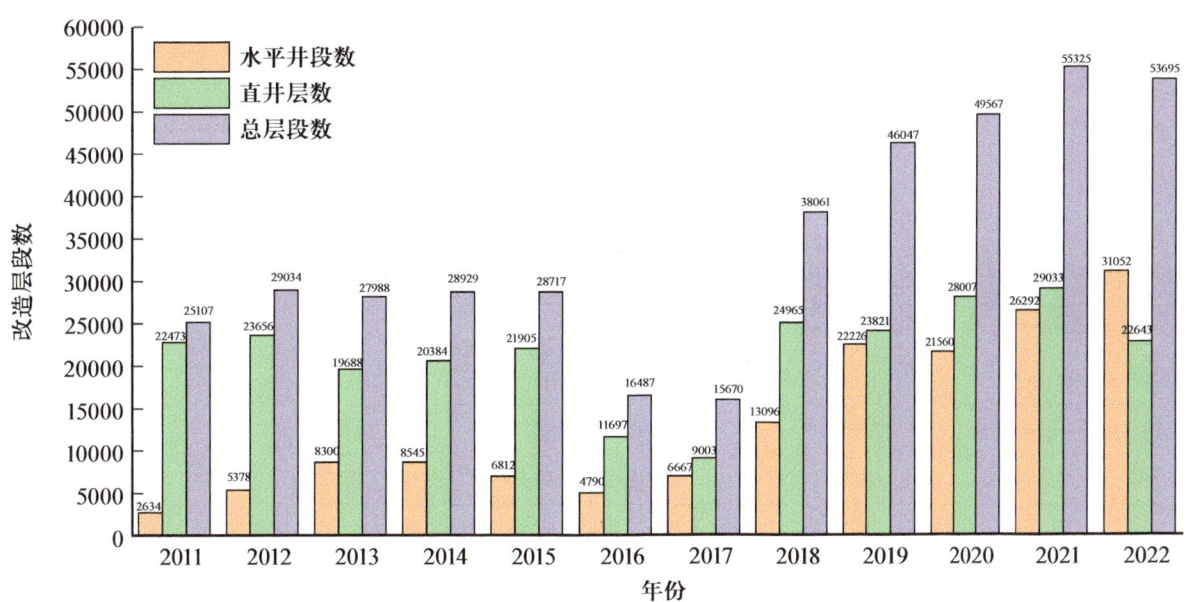

图 1-3　中国石油 2011—2022 年水平井、直井储层改造层段数统计图

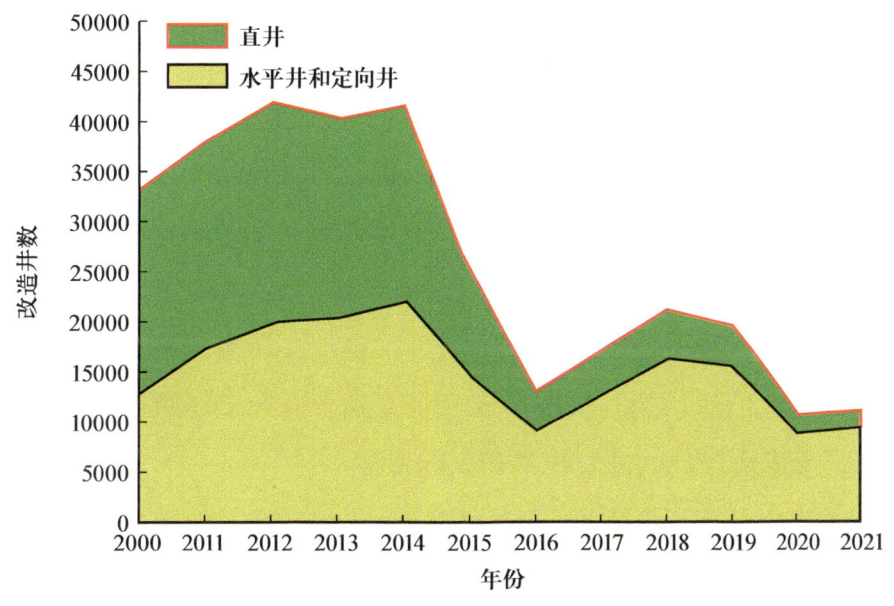

图 1-4　美国 2010—2021 年改造井数统计图

伴随着压裂技术的不断创新和工艺技术的不断进步，现场应用技术指标持续攀升，部分指标达到国际领先水平。水平井压裂技术应用指标也呈现上升的趋势，与 2016 年相比，2022 年平均水平段长度由 943.3m 增至 1237.4m，平均单井压裂段数由 8.8 段增至 16.3 段，平均单井砂量由 502m³ 增至 1664m³，平均单井液量由 8218m³ 增至 20203m³，最高施工泵压突破 139.9MPa（表 1-1）。压裂改造技术的持续进步，在拓展其提高单井产量基本职能的同时，也赋予了探井改造不断发现资源、认识资源、释放资源的新使命，为多领域勘探重大突破、发现及进军万米深层禁区提供技术保障。

表 1-1 储层改造技术指标应用现状统计表

指标	指标数值	对应井号	所属油田	与世界水平对比
最大压裂井深	8528m	靖 51-29H1	长庆油田	与北美相当
最大酸压井深	9010m	双鱼 001-H6	西南油气田	国际领先
最高施工温度	213℃	千探 1	大港油田	国际领先
最高施工压力	139.9MPa	綦页深 1	中石化勘探公司	国际领先
最高施工排量	25.1m³/min	佳南 1H	冀东油田	与北美相当
最长水平段长度	5256m	靖 51-29H1	长庆油田	与北美相当
最大注入液量	125196m³	足 203H2-1	西南油气田	与北美相当
最大加砂量	17709t	华 H50-7	长庆油田	与北美相当

3. 压裂技术发展趋势

（1）绿色低碳转型，是可持续发展的必然趋势。

中国要力争 2030 年前实现碳达峰，2060 年前实现碳中和，国内油气企业以实际行动响应低碳目标，未来压裂绿色低碳转型是必然趋势。

（2）向智能化转型，是发展的根本路径。

近年来非常规油气实现跨越式发展，难动用储量屡获突破，在油气产量占比中越来越大。现有技术水平适应性不足，低成本高效开发难度较大，对技术创新的需求越来越大。各油气技术服务与装备制造企业立足现场开发需求，充分依托数字化手段，持续攻关技术难题，数据治理与特征工程、智能优化及编制方案设计、压裂施工实时诊断与调控、压裂工具及材料研发、无人值守压裂等领域形成一个完整统一智能压裂体系，实现新一轮水力压裂技术的革新，形成适应性的开发技术和大国重器。

水力压裂技术作为油气田勘探开发过程中的重要配套技术，技术的发展必将整体提升中国油气产业科技自主创新能力，增强中国能源保障能力。

第二节　压裂成套装备组成及发展

一、压裂成套装备组成

压裂成套装备是由主体设备（包含压裂泵送设备、混砂设备、仪表设备、管汇设备）和配套设备（包含混配设备、储供砂设备及供配酸等设备）组成，能完成压裂施工中的支撑剂、添加剂与工作液的混合、泵注、控制、数据采集存储等工作。通常一套压裂成套装备包括4~24台压裂泵送设备、1~2台混砂设备、1台压裂仪器车、地面管汇和其他辅助设备。在施工过程中混砂设备将压裂液、支撑剂和各种添加剂混合完成后，通过连接管汇提供给多台压裂泵送设备，压裂泵送设备将混合后的液体进行增压，通过高压管汇汇集后注入井底，压裂仪表车对作业全过程进行监控并进行施工分析和记录（图1-5）。

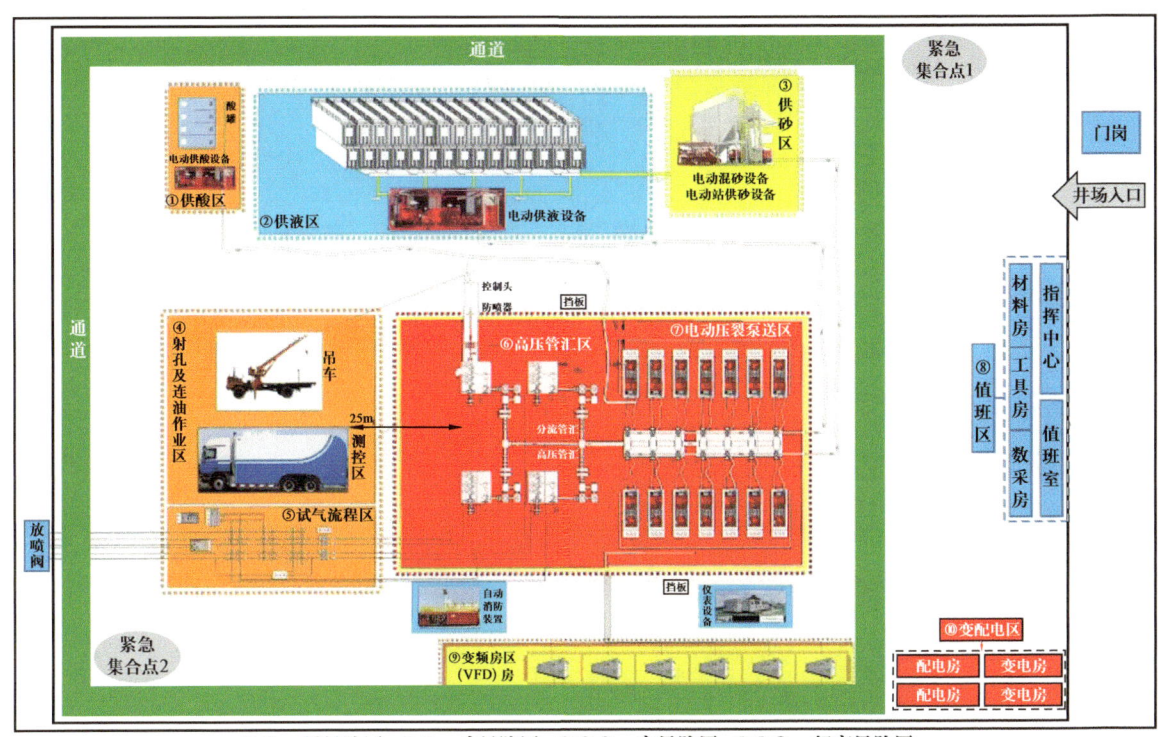

②⑧—低风险区；③⑨—中风险区；①④⑤—高风险区；⑥⑦⑩—超高风险区。

图1-5 典型压裂成套装备组成图

各设备的作用如下：

（1）压裂泵送设备：其作用是向油气储层注入高压、大排量的压裂液，将地层压开，把支撑剂挤入裂缝，形成人造裂缝和导流通道，提升油气采收率。

（2）混砂设备：其作用是按一定的比例和程序混砂，并把混砂液供给压裂设备。主要由传动系统、供液系统和输砂系统三部分组成。

（3）管汇设备：其作用是运输高低压管汇（如高压三通、四通、单流阀、控制阀等），在作业时起到连接各个管汇的作用。

（4）仪表设备：其作用是在压裂施工时远距离遥控压裂设备和混砂设备，采集和显示施工参数，进行实时数据采集、施工监测及裂缝模拟并对施工的全过程进行分析。

（5）供配液（供配酸）设备：其作用是在压裂施工中根据设计要求将各种添加剂与清水混配，并把这些不同配比、不同黏度的压裂液供给混砂装备。

（6）储供砂设备：其作用是储砂和向混砂设备提供支撑剂。

（7）辅助设备：除以上设备外，压裂作业需要的发电、储能、消防等其他作业设备。

二、压裂成套装备类型

1. 按运载方式分类

（1）车装式；

（2）半挂拖装式；

（3）橇装式。

2. 按驱动方式分类

（1）柴油发动机驱动（简称"柴驱压裂"）；

（2）电动机驱动（简称"电动压裂"）；

（3）双燃料发动机驱动；

（4）涡轮发动机驱动；

（5）液压驱动。

三、国内外压裂装备发展

1. 国外压裂装备发展现状

美国拥有世界上最大的压裂装备市场。随着压裂技术及压裂工艺技术的不断发展，大型压裂作业工作量所占比例已经达到30%以上。据文献报道，美国页岩气开发压裂施工用液量达$4\times10^4\sim6\times10^4m^3$，支撑剂用量达$1\times10^3m^3$以上，施工排量达$24m^3/min$。大功率压裂装备已经成为压裂施工作业的主要装备，长时间大排量施工对压裂装备的性能及可靠性提出了严峻的考验。

美国是世界上最大的压裂装备研发和生产基地，2005年前以2000hp以下的压裂装备为主，2005年以后为适应大型压裂施工作业开发了2300hp成套压裂装备并在北美地区得到广泛应用。由于北美地区道路平坦，油田道路通过性良好，且页岩气施工压力较低，压裂装备多采用拖装结构。自2014年起，美国开始电动化压裂装备的研制与推广应用，以USWS（US Well Service）和EWS（Evolution Well Service）公司为代表的装备制造或服务企业推出3500型电动压裂设备，采用已有的2500型压裂泵，以双机双泵或单机双泵的形式集成使用；根据作业工况变化，USWS、EWS公司相继推出了5000型、7000型电动压裂设备，配置了电动混砂和配液设备。主要以透平机发电采取区域供电模式为压裂设备供电为主（图1-6）。

图 1-6　美国柴驱或电动压裂成套装备施工图

2. 国内压裂装备发展历程及现状

在国内，从 1950 年引进苏联 300 型、500 型压裂泵送设备开始，1975—2006 年引进美国 BJ、S-S、Western、Halliburton、法国 Dowell 及加拿大 Nowsco、Crown 等西方公司压裂成套装备，上述部分引进设备目前仍处于工作状态。

（1）引进苏联及东欧压裂装备阶段。

20 世纪 50 年代至 70 年代初期，主要引进苏联 300 型压裂泵送设备、苏联 500 型压裂泵送设备、罗马尼亚 ACF-700 型压裂泵送设备。压裂泵送设备最大输出功率 270hp，最高工作压力 70MPa。

（2）国产压裂装备起步阶段。

20 世纪 60 年代中期至 70 年代末，研发了 300 型、500 型、700 型压裂泵送设备。压裂泵送设备最大输出功率 300hp，最高工作压力 70MPa。

（3）引进西方压裂装备阶段。

1975—2006 年，我国先后从美国 BJ、S-S、Western、Halliburton、法国 Dowell 及加拿大 Nowsco、Crown 等西方公司总共引进了约 40 万水马力压裂泵送设备，在长达 30 年的时间里，国内主流压裂装备基本依赖进口（图 1-7）。

图 1-7　从西方国家引进的主要压裂装备

从 2000 年开始，以中石化四机石油机械有限公司（以下简称"四机公司"）为代表的国内厂商开始研制 2000 型压裂成套装备，现已能够生产全套压裂机组及辅助装备，并开始向国外出口，截至目前，国内压裂装备企业共生产约 900 万水马力压裂泵送设备（其中中国石油拥有占比 52%，中国石化拥有占比 15%，其他油服公司拥有占比 33%）。在驱动形式上，考虑技术成熟度、经济性、运维性、绿色发展等因素，当前国内压裂成套设备以柴驱和电动压裂为主，其中电动压裂装备占比 38%，成为近些年压裂装备增长的主流；涡轮动力压裂装备、液压压裂装备自 2014 年推出以来，10 余年推广整体占比不足 1%，仍处于探索中（图 1-8）。

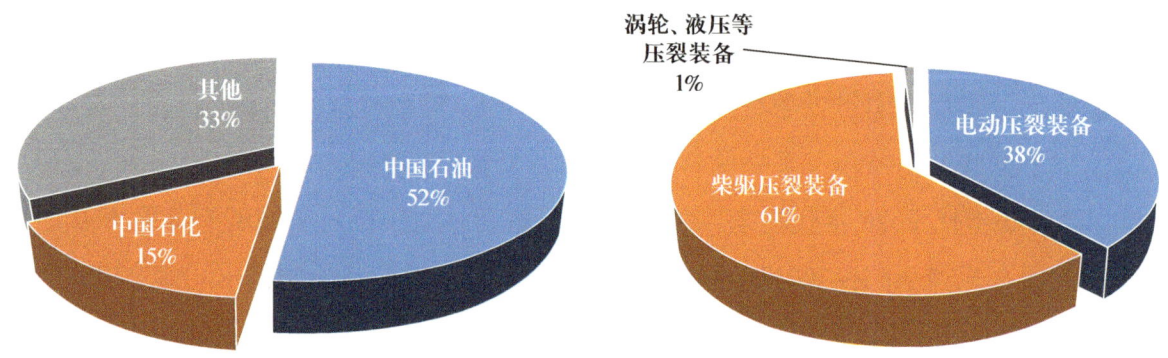

图 1-8　中国 900 万水马力压裂装备分布图

我国压裂成套装备经过 30 多年的研发与发展，以四机公司、烟台杰瑞石油装备技术有限公司（以下简称"烟台杰瑞"）、四川宏华电气有限责任公司（以下简称"四川宏华"）、四川宝石机械专用车有限公司（以下简称"宝石专用车"）和三一能源装备有限公司（以下简称"三一能源"）等为代表的压裂成套装备研发公司已先后形成额定输出功率 300hp 至 8000hp 系列压裂成套装备，国产压裂装备已取得长足进步和重要突破，国产压裂成套装备的技术日臻成熟，产品质量稳定可靠，已占据国内主要市场份额并全面替代进口，自 2007 年基本实现压裂装备国产化，终止了长达 30 来年对国外压裂成套装备的依赖，压裂装备研制技术的突破有力地支持了我国高端油气装备与压裂技术的发展。

3. 压裂装备国外对标与发展趋势

国外公司开展研究起步较早，产品和工艺相对成熟，技术应用广泛，国内研究相对来说起步较晚，研发模式采用的是先引进、消化吸收，再创新集成。对标美国 Halliburton、BJ、S-S 等二十多家公司。国外压裂装备具有如下特点：

（1）2000 型压裂装备是国外压裂施工作业的主力机型。2000 年前，产品批量出口到中国并成为我国油田的主力机型。随着国产设备研发能力增强，进口设备已逐渐退出中国市场。

（2）2008年左右，2500hp压裂装备开始在北美地区投入使用。由于北美地区的油气田大多位于平原地区，道路状况良好，在整机载重质量、外形尺寸等诸多方面可以不受道路条件限制，所以国外生产的2500hp压裂装备全部采用拖挂式结构，装备单机长度20m、转弯半径20m。而我国油气井大多位于山区、丘陵等复杂地理环境的作业区，拖挂式结构的装备不能满足国内油田的施工作业要求。2500hp拖挂式压裂泵送设备采用GD和SPM公司生产的输入功率为2500hp的五缸柱塞泵，考虑到压裂泵的传动效率等因素，压裂泵送设备的实际输出功率为2250hp，比国内开发的产品输出功率小10%。

（3）适用于电动压裂装备的E-5000型压裂泵，是专为电动化设计的连续工况5000hp地面压裂泵，材料采用不锈钢，100%负荷下24小时连续作业，提高现场可维护性及保养周期，减少了更换液力端的停机时间。

（4）美国Halliburton公司的压裂机组网络控制系统可以实现多台压裂泵送设备之间的相互控制，自动编组操作，一键压裂推广应用中，代表了当今压裂控制技术的最高水平；BJ公司的输砂系统比较精确，Crown公司的混合搅拌比较均匀。

（5）高压流体控制元件技术主要被FMC、SPM、Halliburton等公司垄断，且形成产品系列，包括：活动弯头、旋塞阀和试压装置，最高工作压力为140MPa。

北美压裂装备大多采用2300型柴驱、双燃料拖车、5000型电动压裂集成，装备体积大、全流程配套完善、工厂化自动作业、设备可靠性高；国内压裂装备大多采用2500/3000型柴驱车载集成、5000/8000型电动压裂橇集成，具有单机功率大、体积小的优势，辅助装备个性化配套，底盘已初步国产化，发动机、传动箱动力等核心部件依赖于进口（表1-2）。

表1-2 国产与北美压裂装备技术对标

类型	北美	国内	技术对标说明
压裂	2300型压裂拖 5000型电动压裂拖	2500/3000型压裂车 8000型电动压裂橇	国内单机功率大
混砂	20m³混砂拖	20m³混砂设备	性能相当
管汇	105MPa/180mm大通径管汇	175MPa/180mm大通径管汇	国内压力更高
仪表	机组控制+数据传输，推广智能压裂	机组控制+数据传输，攻关智能压裂	实现国产化
配液	20m³配液，浓缩液	粉料混配，过渡罐多	工艺体系造成装备差异
供砂	输砂拖车+气体输送	地面砂罐+袋砂+吊车（螺旋）	国内吊装、运输繁琐
液罐	自动计量、数量少	地面罐+人工计量，数量多	国外转运、流程简化

随着非常规油气超深井和长水平井的开发，油气开采技术日益强化，未来需要结合现场需求，开展压裂装备的技术突破和创新。

（1）单机大功率化：随着油气开采难度的增加和地面复杂环境的局限，单机大功率的压裂设备才能满足深层、超深层页岩油气等复杂地层的压裂施工需求，减少设备数量，提高作业效率和经济性。

（2）超高压力和大流量：超高压、大排量的压裂设备能够产生更高的压力和更大的流量，提高油气产量。

（3）电动化趋势明显：电动压裂设备相比柴驱压裂设备，功率大、重量轻、占地面积小、噪声低，在购置成本和运营成本上均有优势。

（4）智能控制系统集成化：压裂装备将配备更加先进的智能控制系统，实现对压裂作业全过程的实时监控、自动控制和智能优化，远程操作与无人化作业，提高作业效率和质量，减少人为因素的影响，实现无人化作业。

（5）绿色能源利用：为了减少对环境的影响和降低碳排放，压裂装备在能源利用方面将更加注重绿色化。除了采用电驱等清洁能源驱动方式外，还会探索利用太阳能、风能等可再生能源为压裂设备提供部分或全部动力，进一步降低能源消耗和环境污染。

第三节　典型压裂成套装备配置与应用

一、压裂成套装备配置

压裂装备的配置主要包括主力装备、辅助装备两方面。其中主体装备包括压裂泵送设备、混砂设备、管汇设备，以及仪表设备；辅助配套装备包括储液配液、支撑剂、安全装备、供液、加油、连续管、液氮泵送、二氧化碳增压等装备，压裂工程的装备配置需考虑计算水功率、安全系数、故障维护系数三个因素，以此确定所需压裂泵送设备的数量。

压裂装备长时间在高负荷下使用将大幅缩短装备使用寿命，装备配置从经济性角度出发，由于压裂工况为典型的间歇工况，国内外压裂装备制造、应用企业对压裂泵的工作曲线均形成了推荐规范（图1-9和图1-10）。为解决长时间、高负荷下装备核心部件寿命短的难题，当前以哈里伯顿、SPM、四机公司等为代表的国内外压裂装备厂商正在探索连续满载压裂装备的研发，其可在标称功率下满功率地输出，以提升装备可靠性，减少装备配置数量。

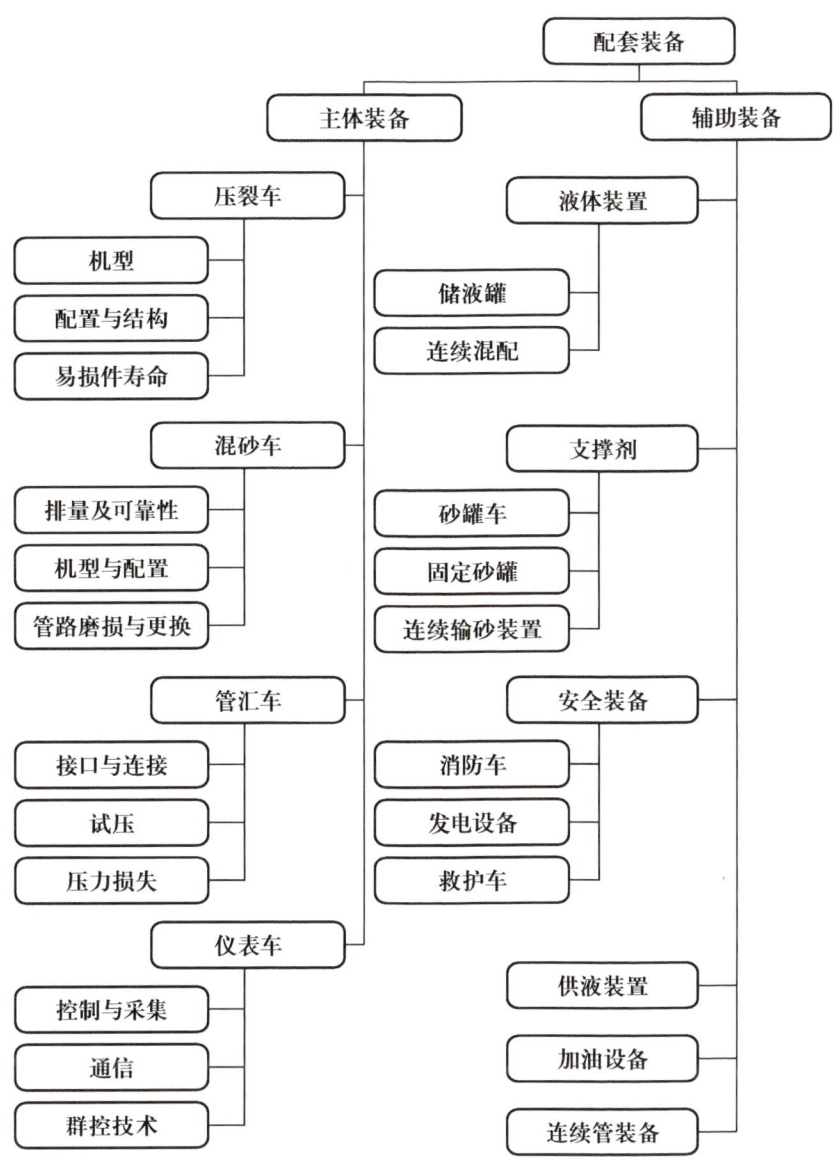

图 1-9　页岩油气压裂装备配置总图

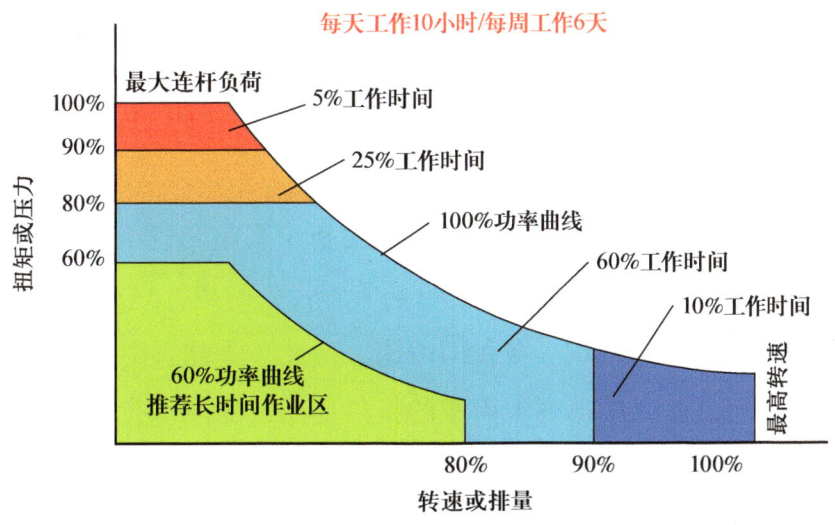

图 1-10　压裂泵的工作推荐曲线图

二、柴驱压裂成套装备典型应用

依托"川气东送"国家重点工程（普光气田）开发了2500/3000型压裂机组（表1-3和图1-11），其性能要求达到国际领先水平，适用于"山多""坡陡""弯急"等井场道路工况。

表1-3　2500/3000型压裂机组主要技术参数

序号	项目	参数
1	最高工作压力/MPa	140（$3\frac{3}{4}$in柱塞）
2	单台泵车输出功率/hp	2500/3000
3	成套装备输出功率/hp	20000/50000
4	混砂设备最大排量/（m³/min）	16
5	螺旋输砂器输砂量/（kg/min）	10000
6	仪表设备控制车台数	20台压裂泵送设备，2台混砂设备
7	网络形式	工业以太网，环形网络

(a) 3000型压裂泵车

(b) SHS20型(130桶)混砂车

(c) 140 MPa型管汇车

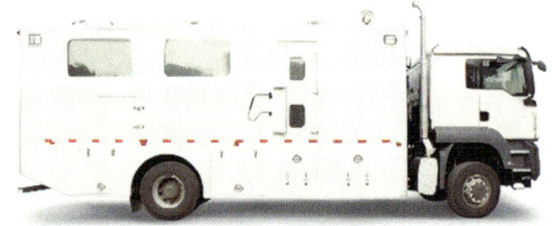

(d) 压裂仪表车

图1-11　2500/3000型压裂机组

2500型压裂机组是国际上首套车载移动式压裂机组，整套机组由8～20台压裂泵送设备、1～2台混砂设备、1台压裂仪器车和1台压裂管汇设备组成，具有施工压力高、排量大、能够快速移运、机动性能好等特点。在我国西南、西北、华北、中原等地区超高压井、水平井和页岩气井大型压裂施工中得到大面积的推广应用，支撑了我国深层、超高压油气资源的开发，为普光、元坝、长庆油气田的开发提供了装备支撑，标志着我国石油压裂装备综合技术水平跨入世界先进行列（图1-12）。

图 1-12　2500 型柴驱压裂成套装备在涪陵页岩气田应用

三、电动压裂成套装备典型应用

针对国内柴驱压裂装备单机功率不大于 3000hp、排量不大于 20m³/min，且设备噪声大、核心部件依赖进口，作业能力严重受限，不能满足我国复杂地质和地表条件下资源的安全高效开发的问题，开展了电动压裂装备研发，形成了 5000 型 /6000 型 /7000 型电动压裂成套装备，适用于深层、超深层非常规油气大型压裂、酸化施工。成套装备包括：多台 5000 型 /6000 型 /7000 型压裂泵送设备（额定输出功率为 5000hp/6000hp/7000hp）、一拖二或一拖三变频器设备、HS20 及以上混砂设备、120~200m³ 储供砂设备、20m³ 混配设备、仪表设备、供液设备、高低压管汇设备、分流管汇设备、井口连接管汇等。设备最高工作压力通常为 138MPa/172.5MPa，并根据不同作业需求配置设备来满足流量要求（图 1-13）。

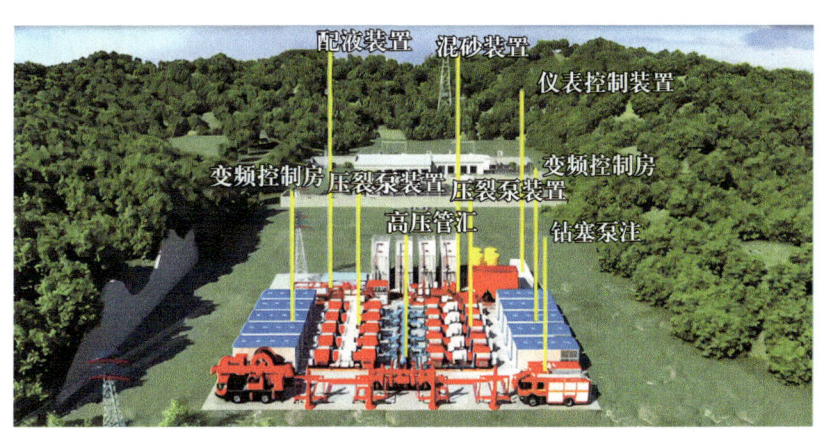

图 1-13　5000 型电动压裂成套装备示意图

与柴驱压裂装备相比，电动压裂设备额定输出功率不小于 5000hp，装置具备更高的功率储备、更高的压力、更大的流量输出（图 1-14）。相对柴驱压裂装备，电动压裂装备具备以下 4 个优点：

（1）功率大：额定输出功率不小于 5000hp，可实现额定工作压力 172.5MPa，并能够满足连续施工作业需求。

（2）更清洁：采用清洁燃料作为能源，能够降低碳排放，大幅降低燃料成本。

（3）更静音：设备噪声在95dB以下，实现连续24小时施工作业，提高作业效率。

（4）更智能：可配备压裂智能控制决策系统，可以实现全流程"一键压裂"，自动控制，应用决策模型，面对异常可以快速做出专家级决策。

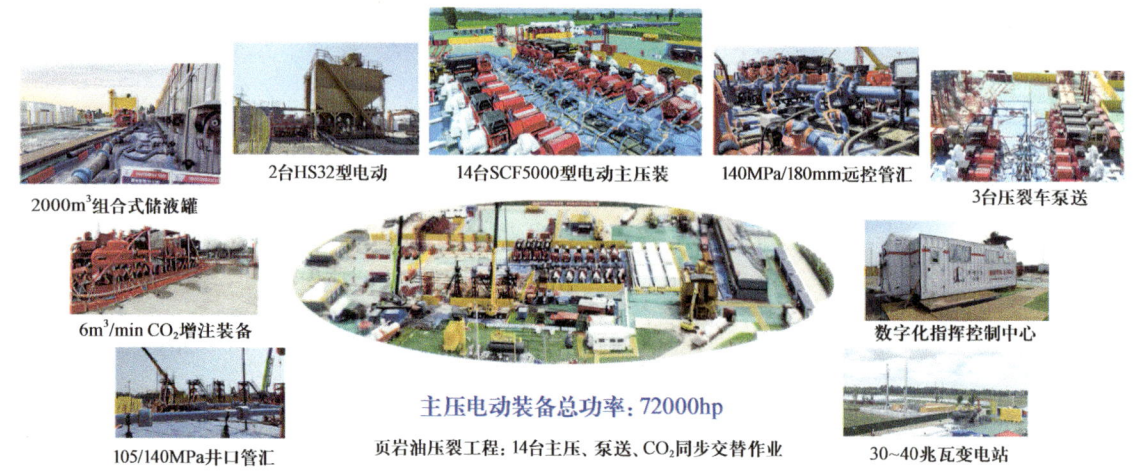

图1-14　电动压裂成套装备组成及配置图

全电动压裂成套装备在国家级页岩气示范区焦页12扩平台进行全电动压裂，刷新国内页岩气单平台压裂井数最多（12口井）、单平台压裂段数最多（303段）、单平台加液量最多（$47.2 \times 10^4 m^3$）、单平台加砂量最多（$2.61 \times 10^4 m^3$）、单平台单机组效率最高（6.06段/天）等多项纪录。在国家级页岩油示范区打造数智化示范井场（牛页一区试验井组）、樊页1井等重点井应用，相比柴驱压裂，现场作业人员减少15人，设备占地面积减少约23%，噪声下降46%，能源消耗平均降低33%，刷新埋藏最深、单段液量及砂量等10多项施工纪录（图1-15）。

图1-15　四机公司电动压裂装备在国家级页岩油、页岩气示范区应用图

第二章
压裂成套装备主体设备

压裂成套装备主体设备包括压裂泵送设备、混砂设备、仪表设备、管汇设备，可以完成压裂施工中的支撑剂、添加剂与工作液的混合、泵注、控制、数据采集存储等工作。

本章主要介绍压裂成套装备主体设备的设备概述、设备型号、设备参数、国内外设备现状、发展需求及建议等内容。

第一节 压裂泵送设备

一、设备概述、型号及参数

1. 设备概述

压裂泵送设备是压裂设备中最关键和最重要的组成部分之一，主要由动力、传动、柱塞泵和控制等系统组成，是用于产生高压流体的专用作业设备，压裂施工中，通常采用多台高压压裂设备联合作业，以达到大排量、高压力连续施工的目的。受目前油气田油区道路和井场条件限制，我国主要采用车载式压裂设备，兼有橇装式压裂设备，拖装式压裂设备基本没有。

压裂泵送设备设计及制造应满足 SY/T 7086—2016《石油天然气工业　钻井和采油设备　压裂泵送设备》及 T/CPI 11012—2022《石油天然气钻采设备　电动压裂泵送设备》的规定。设备由承载底盘或橇架和上装部分两部分组成；承载底盘或橇架应具备足够的承载能力，满足整机负荷要求，承载底盘除完成整车移运功能外还为车台发动机启动液压系统提供动力；上装部分是压裂设备的工作部分，主要由动力系统、柱塞泵、吸入排出管汇、安全系统、燃油系统、柱塞泵润滑系统、电路系统、气路系统、液压系统、仪表及控制系统等组成（图2-1）。

柴驱压裂泵送设备的工作原理：发动机所产生的动力通过液力传动箱和传动轴驱动柱塞泵；压裂液通过柱塞泵的吸入管汇进入泵体，经柱塞泵增压后由柱塞泵的高压排出管排出；多辆压裂车的高压液体汇集后，注入地层实施压裂作业。

电动压裂泵送设备的工作原理：由主电动机输出动力，通过传动轴驱动柱塞泵；压裂液通过柱塞泵的吸入管汇进入泵体，经柱塞泵增压后由柱塞泵的高压排出管排出；多辆压裂车的高压液体汇集后，注入地层实施压裂作业。

1—底盘车；2—底盘变速箱和发动机取力器；3—车台发动机；4—车台发动机冷却系统；5—液力传动箱；6—网络控制箱；7—传动轴；8—安全系统；9—压裂泵；10—吸入管汇；11—排出管汇；12—液压系统；13—润滑系统。

图 2-1　YL2500Q-140 型压裂泵送设备

压裂泵送设备适用于多种工况，可用于注水、采油、压驱采油、压裂等勘探和开发。设备配置高可靠性和耐用性的压裂泵，保障设备在恶劣的工作环境中长期稳定地运行；配备自动化控制和智能检测系统，减少人为操作误差，提高作业安全性和效率。

2. 设备型号

压裂泵送设备有车装式、半挂拖装式及橇装式三种形式。

按照 SY/T 7086—2016《石油天然气工业　钻井和采油设备　压裂泵送设备》中的规定，设备表示方法如下：

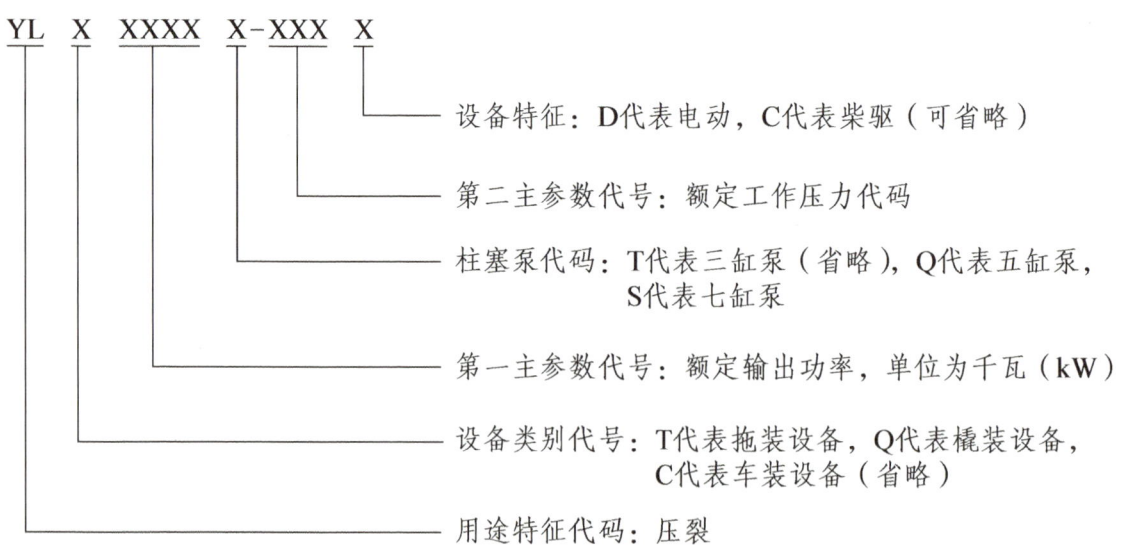

示例：柴驱五缸压裂泵送设备，额定输出功率 1490kW，额定工作压力 105MPa，其型号为 YL1490Q-105。

注：额定工作压力代码是设备额定工作压力向上圆整到 0 或 5 的圆整值。

3. 设备参数

压裂泵送设备基本参数见表 2-1。

表 2-1　压裂泵送设备基本参数

参数名称	参数值		
额定输出功率 / kW（hp）	230（300）、450（600）	750（1000）、1120（1500）、1490（2000）	1860（2500）、2240（3000）、2610（3500）、2980（4000）、3350（4500）、3730（5000）、4470（6000）、5220（7000）、5960（8000）、7450（10000）
额定工作压力 /MPa	69	69、103.5	103.5、138、172.5
电动设备标准电压等级 /V	690、1140、3300、6000、6600		

注：本表中额定工作压力 69MPa、103.5MPa、138.0MPa、172.5MPa 分别与国内标称的 70MPa、105MPa、140MPa、175MPa 压力级别相对应。

二、柴驱压裂泵送设备

1. 产品概况

柴驱压裂泵送设备由柴油机、传动、柱塞泵和控制等系统组成，是用于产生高压流体的专用作业设备。柴驱压裂泵送设备以柴油机作为动力源，通过传动轴直接驱动压裂泵，调整柴油机的输出转速，实现动力的控制与传输。

2. 设备现状

1）国外设备现状

国外以美国为代表，油气开采技术和压裂装备研制技术较为成熟，拥有世界上最大的压裂泵装置研发和生产基地，主要有美国哈里伯顿公司（简称 Halliburton）、美国 BJ services（简称 BJ）、美国 Stewart & Stevenson（简称 S-S）等二十多家公司生产压裂泵装置；美国 SINO-PLATINUM METALS（简称 SPM）、美国 Gardner Denver（简称 GD）等公司生产压裂泵装置核心部件柱塞泵。2005 年以前，1600~2000hp 压裂装备是压裂施工作业的主力机型，采用车载式或拖挂式结构。随着国际上更大功率的大型压裂泵的推出，2500hp 压裂装备开始在美国投入使用。Halliburton 研制了世界上最大功率的 3000 型双机双泵拖挂式压裂泵装置。国际知名厂商在柴驱泵送设备的动力领域一直处于领先地位，不断推出更高效的动力系统应用、更智能的控制系统、更环保的解决方案（表 2-2）。这些公司研制的 2500hp 以上压裂泵装置全部采用拖装的方式，而由于我国油气田多在山区和丘陵地区，拖装式的压裂泵装置无法满足国内道路行驶要求。

表 2-2　国外柴驱压裂装备参数

机型	装机功率 / hp	泵输入功率 / hp	输出水功率 / hp	最高压力 / MPa	整机质量 / t	备注
2500hp 压裂机组	2500	2500	2250	140	≥50	拖挂式、网络数控
2000hp 压裂机组	2250	2100	2000	105	36	车载式、网络数控

2）国内设备现状

国内柴驱压裂泵送设备生产制造商主要包括中石化四机石油机械有限公司、烟台杰瑞石油装备技术有限公司、四川宝石机械专用车有限公司、三一能源装备有限公司等。

（1）中石化四机石油机械有限公司。

具备压力 35～172.5MPa 系列柱塞泵研制能力，自主研发 20 多个型号泵产品，形成了 SYL1000 至 SYL3000 六大系列压裂装备，可组合成不同配置的成套压裂机组（表 2-3 和图 2-2）。

表 2-3　四机公司柴驱压裂泵送设备基本参数

型号	SYL2000	SYL2300	SYL2500	SYL3000
压裂泵	STP2250/SQP2500	SQP2500/SQP2500H	SQP2800	STP3300/SQP3300
最高压力 /MPa	99（$4\frac{1}{2}$in）	105（4in）	137（$3\frac{3}{4}$in）	137（$4\frac{3}{4}$in）
最大排量 /（L/min）	1870（$4\frac{1}{2}$in）	2463（4in）	2170（$3\frac{3}{4}$in）	2316（$4\frac{3}{4}$in）

(a) SYL2500型压裂车

(b) SYL3000型压裂车

(c) SYLT2500型压裂拖

(d) SYLQ2300型压裂橇

图 2-2　四机公司系列柴驱压裂泵送设备

（2）烟台杰瑞石油装备技术有限公司。

烟台杰瑞具备全系列柴驱压裂设备的研制能力，形成了 YL1000 至 YL3000 全系列压裂装备，广泛应用于多个大型油气田项目，适应 -40℃低温、55℃高温、陆地及海洋工况。

烟台杰瑞深耕实践于油气领域，在技术研发上不断投入，推出更多高效、智能和环保的动力系统，以高可靠性、高效率和长寿命著称（图2-3）。

(a) YL2500型压裂车　　　　　　　　(b) YLQ2500型压裂橇

(c) YLT2500型压裂拖

图 2-3　烟台杰瑞柴驱压裂泵送设备

（3）四川宝石机械专用车有限公司。

宝石专用车涵盖700型到3000型的系列压裂装备。中国石油集成配套的典型案例：2500型压裂车/橇组，配置标准化、部件通用化、整机轻量化设计，实现模块化组装；集成"工业以太网络控制"与"远程仪表控制"的双模式控制系统技术；采用有限元强度分析技术提高构件强度，车辆共振消除技术实现整车无共振，运行平稳。2500型橇采用"动力橇"和"泵橇"分体式设计，整橇质量不大于30t，单橇质量不大于20t，方便施工现场吊装与移运，更适用于大型非常规油气开发平台（图2-4）。

(a) YL700型压裂车　　　　　　　　(b) YL2500型压裂车

(c) YLQ2500型压裂橇　　　　　　　(d) YLQ3000型压裂橇

图 2-4　宝石专用车柴驱压裂泵送设备

（4）三一能源装备有限公司。

三一能源设计生产的2300/2500型压裂车，采用自主研发的油田专用底盘，满足山路、自然路和油田路等恶劣工况，可快速响应客户需求。配置康明斯、双环、采埃学等国际知名品牌，零部件品质保证；采用自主开发的一体式泵壳结构，回油通畅，润滑可靠，采用优质进口材质密封填料及阀胶皮，寿命提升2倍以上，减少检泵时间。具备智能维保提示系统，车况信息实时在线诊断，对施工重要部件的关键信息实时在线监测，可提前对故障进行预警（图2-5）。

图2-5　三一能源2500型压裂车

3）国内产品应用情况

柴驱压裂泵送设备广泛应用于石油、天然气和水井的各种压裂作业中。此外，它还可以用于水力喷砂、煤矿高压水力采煤等作业。随着中国加大对油气资源的开发，市场对柴驱压裂装备的需求持续增长。

3. 发展需求及建议

国内柴驱压裂设备制造厂家受制于国外部件生产商，如车装重型发动机，主要是卡特彼勒、底特律、康明斯等，传动箱厂家主要以艾里逊和双环为主。国内配套厂商产品还不满足压裂装备对高负荷、长时间工况的性能要求，稳定性不高。需加大基础部件研发，提高整体抗风险能力。

随着环保要求的日益严格，柴驱压裂设备需要降低排放，减少对环境的影响；随着施工作业的大型化，需要在轻量化的基础上，提高设备的功率密度，降低运营成本。

三、电动压裂泵送设备

1. 产品概况

电动压裂泵送设备由电动机、传动、柱塞泵和控制等系统组成。设备以电动机作为动力源，通过传动轴直接驱动压裂泵，实现动力的控制与传输；通过交流变频技术调整电动机的输出转速，最终实现压裂泵的输出流量调节。

电动压裂泵送设备根据动力分布形式可分为单电机驱动和多电机驱动。单电机驱动的结构形式是一台大功率电动机驱动压裂泵等，结构简单，动力集中，控制系统易集中管理和维护，适用于小型或对设备集成度要求高的压裂井场。多电机驱动的结构形式是多台小功率电动机分别驱动不同的压裂泵或同一压裂泵，通过协同工作，为压裂作业提供强大动力。多电机由变频控制系统根据实际工况灵活调整各电机的转速、转矩等参数，如果某个电机出现故障，其他电机仍可继续工作，在功率分配上可以更加精细地满足复杂的压裂作业需求。

2. 设备现状

1）国外设备现状

国外井场道路条件较好，电动压裂泵送设备基本采用半挂拖装式，变频控制单元与电动机放置在半挂车上，提升设备转场效率，增加移运性。生产电动压裂装备的厂家主要有美国油井服务公司（USWS）、美国发展油气井服务公司（EWS），国内烟台杰瑞石油装备技术有限公司生产的7000型电动压裂半挂车也在国外压裂市场进行应用。

（1）美国油井服务公司（USWS）。

USWS公司推出采用燃气涡轮发电机组配套电动压裂泵车，泵车为双机双泵的半挂车结构，单电机功率为1750hp，电机工作电压600V，单车功率为3500hp。自2014年投入使用以来，节能减排效果明显，减少99%的氮氧化物排放，节省多达90%的燃料成本（图2-6）。

图2-6　USWS公司电动压裂泵车

（2）美国发展油气井服务公司（EWS）。

EWS公司推出的电动压裂系统包括燃气发电机组和7000型压裂拖车。泵车为单机双泵的半挂车结构，电机功率为7000hp，同时驱动两台3500hp的五缸压裂泵。目前EWS拥有总容量超过300000hp的装备（图2-7）。

图2-7　EWS公司电动压裂施工

2）国内设备现状

国内电动压裂泵送设备生产制造商主要包括中石化四机石油机械有限公司、烟台杰瑞石油装备技术有限公司、四川宏华电气有限责任公司、四川宝石机械专用车有限公司、三一能源装备有限公司等。

（1）中石化四机石油机械有限公司。

四机公司依托国家重大专项"超大功率电动成套压裂装备研制"，从 2014 年开始电动压裂设备的研发，建立了柱塞泵试验台、高压管汇实验室、自动化实验室等完备的基础试验设施，能够在设备研制过程中对关键部件和整机进行充分的试验验证，保证产品质量，目前已形成额定输出功率 1000~8000hp 的系列电动压裂装备。

研发的连续满载 SCF5000 型压裂装置具有长冲程、低冲次特点，达到 11in 冲程长度（国际先进水平），冲次不大于 120 冲 /min，相同冲次下排量更大、功率更大；最大连杆载荷 1550kN，具有更好的超高压适应能力。

研制出首套世界功率最大的连续满载 SCF8000 型电动压裂装置，首创双侧输入大功率低脉动七缸压裂泵，改变了国际主流的五缸压裂泵结构，单泵排量更大、流量脉动更低，高速行星减速技术与分布式电机直驱结构结合，实现大速比减速与结构紧凑化，与国际先进的五缸压裂泵技术相比，流量脉动率降低 43%，功率与排量提升 60%。设备最大输出功率 8030hp，功率动用系数不小于 0.8，功率密度 82kW/m³，较国际先进技术提升 24%，装备国产化率不小于 95%，同等压裂规模下，压裂装备数量减少 25% 以上，解决了压裂装备数量多、功率提升难题（表 2-4，图 2-8 和图 2-9）。

表 2-4 四机公司电动压裂泵送设备基本参数

型号	SCF5000（五缸）	SCF6000（五缸）	SCF7000（五缸）	SCF8000（七缸）
额定输出功率 /hp	5000	6000	7000	8000
最高工作压力 /MPa	138.0	138.0	138.0	172.5
最大流量（5in 柱塞 /123MPa 压力）/ (L/min)	2831	2652	2830	3100
外形尺寸 /mm	7700×2600×2780	8100×2600×2840	8650×2650×3000	8200×3000×3000
质量 /t	33.0	33.5	45.0	43.0

（2）烟台杰瑞石油装备技术有限公司。

烟台杰瑞是国内较早生产压裂设备的厂家之一，早在 2011 年便构建了 7000hp 电机驱动的大型泵试验台。从 2014 年开始，烟台杰瑞自主研发了 4500hp 柱塞泵并应用在 4500hp 的涡轮压裂车上，后续相继推出了国内首台 6000 型、7000 型电动压裂泵送设备。2023 年，烟台杰瑞率先发布了世界上单机功率最大的 8000hp 电动压裂泵送设备，并在同年完成了现场工业性应用。

图 2-8　四机公司 SCF5000 型电动压裂泵送设备

图 2-9　四机公司 SCF8000 型电动压裂泵送设备

烟台杰瑞推出了适应连续工况的 7000 型电动压裂半挂车，该电动压裂半挂车在国外完成多井次应用，单日连续施工作业超过 20h，单台设备施工排量达到 2.9m³/min，施工压力达到 80MPa，单台设备的作业能力可以替代 2~3 台常规柴驱压裂设备，现场应用效果良好（图 2-10 和图 2-11）。

图 2-10　烟台杰瑞电动压裂成套解决方案

（3）四川宏华电气有限责任公司。

四川宏华从 2009 年开始研制 6000hp 数控变频电动压裂泵，2012 年发布页岩气电动压裂整体解决方案，2015 年在美国进行工业试验，2019 年在国内首次实现成套压裂装备全电动化，并在全国各地区持续大规模应用（图 2-12）。

图 2-11　烟台杰瑞 7000 型电动压裂半挂车在国外井场应用

(a) HH3000

(b) HH6000

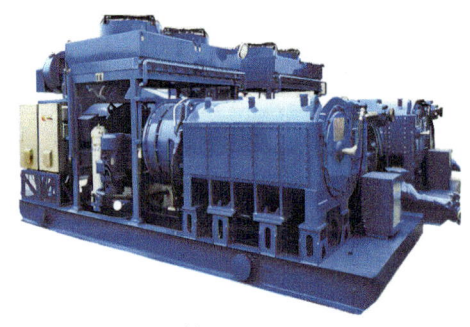
(c) HH6000R

图 2-12　四川宏华 HH3000、HH6000、HH6000R 系列电动压裂泵送设备

（4）四川宝石机械专用车有限公司。

宝石专用车已形成系列电动压裂泵送设备。2500 型电动压裂车实现了大型压裂装备"以电代油"，核心部件国产化，购置成本降低 20%，能耗成本可降低 25% 以上，噪声降低至 85dB；可无级调节电机转速，精确控制输出排量，提高作业质量。3000 型电动压裂橇体积小，重量轻，搬家运输方便；5000 型电动压裂橇额定功率 5000hp，采用长冲程、低冲次、柱塞直径 11in 的大泵，泵冲低，易损件寿命长。7000 型电动压裂橇采用 6.6kV 中压变频直驱技术，整机结构紧凑，采用 4.5in 柱塞时最高工作压力 137.9MPa（图 2-13 和图 2-14）。

图 2-13 宝石专用车 2500 型电动压裂车

图 2-14 宝石专用车成套电动压裂设备

（5）三一能源装备有限公司。

三一能源的 6000 型电动泵送设备整橇最大排量 2.4m³/min，最大压力 140MPa；电机变频驱动，实现无级变速，控制精准；压裂泵低冲次大冲程、高强度不锈钢阀箱、高品质密封填料，使用寿命延长 2 倍以上；设备超静音设计，整机噪声小于 85dB；整机远程无线控制，多画面数据同步，实现整机智能控制（图 2-15）。

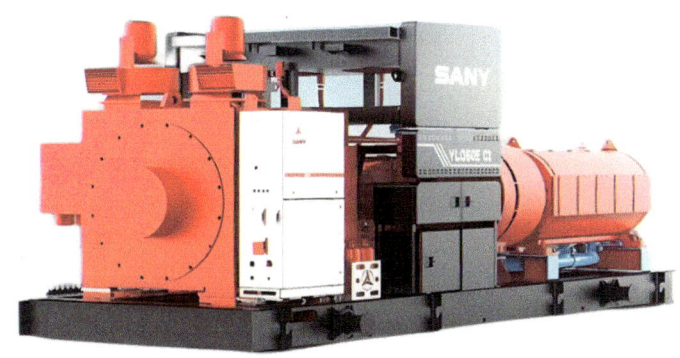

图 2-15 三一能源 6000 型电动压裂泵送设备

3）国内产品应用情况

在我国"双碳"目标的指引下，我国油气开发向低碳、高效、智能快速发展，电动压裂泵送设备已经在各大油区广泛应用，已经成为压裂装备主力军。以 5000 型、6000 型为主要机型，单机最大功率已达到 8000hp，总体处于国际领先水平。四机公司的电动压裂装备在国家级页岩油示范区牛页 1 试验井组 20 口井，完成 529 段压裂作业，累计加液超 $100\times10^4m^3$，加砂超 $8\times10^4m^3$，泵注封存二氧化碳超 5×10^4t，刷新国内页岩油单段砂量最高、液量最高等多项纪录。

3. 发展需求及建议

随着页岩油气向超深层（≥4500m）迈进，压裂施工压力≥140MPa，面向国内页岩油气大平台开发，压裂装备由间歇工况（装备功率可动用系数 0.45～0.6）向连续满载工况（装备功率可动用系数≥0.8）发展，提升压裂装置单机功率，压裂功能模块化、长冲程低冲次，保证压裂泵可靠性和延长易损件使用寿命，将装置与数字化技术相结合，借助物联网、云存储等技术，实现压裂装置的飞速发展。

四、涡轮动力压裂泵送设备

1. 产品概况

涡轮动力压裂泵送设备采用燃气轮机作为核心动力源，具备高效率、低排放、可靠性强和易于维护等优势。燃气轮机使用 CNG、LNG 或井口气作为燃料，最大能够提供 5000hp 以上的动力输出。

2. 设备现状

1）国外设备现状

美国 Baker Hughes、Schlumberger 和 BJ energy 等多家公司广泛使用涡轮压裂设备，提高效率并降低排放。加拿大政府对清洁能源的支持促进了涡轮压裂设备发展，欧洲如挪威和英国，则应用于海上油气田开发，符合严格的环保要求。总体来看，国外涡轮动力的应用逐渐成熟，未来有望在更多国家和地区推广。

2）国内设备现状

国内涡轮动力压裂泵送设备生产制造商主要包括烟台杰瑞石油装备技术有限公司、四川宝石机械专用车有限公司等。

（1）烟台杰瑞石油装备技术有限公司。

烟台杰瑞是国内率先将涡轮发动机应用于压裂设备的石油装备制造商，也是目前国内唯一批量生产涡轮压裂设备，唯一完成涡轮压裂井场应用的制造商。烟台杰瑞的涡轮压裂设备采用输出功率为 5600hp 的高效能涡轮动力系统，作为全车的动力源，相比传统柴油发动机，单机输出功率更大，效率更高。同时，集成了先进的传感器和控制系统，实现了智能化操作和远程监控，提高了作业的安全性和效率。通过技术创新，系统的可靠性和耐用性也得到了显著提升，减少了故障率和维修成本。环保方面，涡轮动力系统在运行过程中排放更低，符合严格的环保法规。设备适用于不同地质条件和作业环境，满足了多样化的市场需求，且根据客户需求提供定制化解决方案，增强了市场竞争力（表2-5和图2-16）。

表 2-5 烟台杰瑞涡轮压裂设备参数

参数名称	参数值
最大输出水功率（水马力）/kW（hp）	3498（4691）
额定工作压力 /MPa	117

图 2-16 烟台杰瑞涡轮压裂橇/压裂车

（2）四川宝石机械专用车有限公司。

2014年宝石专用车与美国MIT等公司联合设计研发了2500型涡轮动力压裂橇，具有如下特点：体积小、重量轻，道路通过性好，适应国内作业井场面积小的特点（图2-17）。

图 2-17 宝石专用车2500型涡轮动力压裂橇现场试验

3）国内产品应用情况

涡轮动力系统压裂装备的应用逐渐增多，中国石油、中国石化等公司已经在多个项目中引入了这一技术。例如，中国石油在四川盆地和塔里木盆地的页岩气开发中使用了燃气轮机，显著提升了作业效率并减少了排放。烟台杰瑞涡轮压裂橇组在长庆油田开展了大规模应用，历时 10 天，作业全程采用 CNG 燃料，作业效果稳定高效。涡轮动力压裂设备具有高热效率、CNG+ 管道气的低燃料成本、低排放和易于维护的特点，适合在复杂地质条件下作业。尽管初期投资较高，但其长期经济性和环保性能使其成为未来发展的趋势。总体来看，涡轮压裂设备在国内的应用正逐步扩大，并得到越来越多的认可。

3. 发展需求及建议

第一，需要继续提升涡轮动力系统的功率密度和效率，使其能够适应更复杂和高负荷的压裂作业。第二，提高系统的可靠性和耐用性，减少故障率和维修成本，确保设备长期稳定运行。第三，智能化也是未来的发展方向，通过集成先进的传感器和控制系统，实现智能化操作和远程监控，提高作业的安全性和效率。

加强政策支持，加快新技术的研发和应用，参与制定行业标准，推动涡轮压裂设备的规范化和标准化。通过综合考虑这些因素，制定合理的发展策略，可以有效推动涡轮压裂设备的进一步发展和应用，为石油行业带来更大的经济效益和环境效益。

五、液压压裂泵送设备

1. 产品概况

液压压裂泵送设备是指动力传递路径采用液压泵/马达的形式替代传统的变速箱、传动轴的驱动形式。动力传递路径为：发动机—液压油泵—液压马达—液压式压裂泵。典型特点是采用分布式动力结构，即 1 台或多台发动机替代 1 台大功率发动机驱动多台液压油泵，多台油泵的流量合流后驱动多台液压马达，实现传递扭矩的放大。

2. 设备现状

三一能源研发的 700/1000/1500/2300 型系列液压式压裂泵送设备，多台发动机互相备份，可根据工况自由选择，实现低压大排量压裂，在 90% 负载下连续作业 3h，配置智能视频监控系统，AI 识别安全故障并报警，避免传统检测方式的滞后性（图 2-18）。

液压驱动具有速度无级调节、调速范围大、小功率发动机可在高负载率下连续作业等典型特点，此外，由于小功率发动机、液压油泵、液压马达等核心零部件均已实现国产化，质量稳定成熟，相对进口大功率发动机、变速箱，在交付保供、售后响应等方面更具优势。

(a) 700型

(b) 1000型

(c) 2300型

图 2-18　700 型、1000 型、2300 型液压压裂泵送设备

3. 发展需求及建议

液压驱动压裂泵送设备相比机械式，具备高负载下连续作业、成本低等特点，但是液压系统结构复杂，连接管线复杂，系统节点多，装备维护保养工作量大于常规压裂设备；其次系统效率明显低于机械传动，设备实际燃油消耗高出常规压裂设备，未来可能会逐步减少在油气田压裂工程上的应用。

第二节　混砂设备

一、设备概述、型号及参数

1. 设备概述

混砂设备是油田压裂、防砂作业的主要配套设备，主要由动力、传动、混砂、管汇和控制等系统组成，是用于混合压裂液与压裂支撑剂、并将混合液输送给压裂泵送设备的专用作业设备。其主要作用是将压裂液及各种添加剂、支撑剂按一定的比例快速、均匀地混合，并根据施工设计的排量需求，将其连续不断地通过连接管汇供给多台压裂泵送设备。

混砂设备的设计及制造应满足 SY/T 7334—2016《石油天然气钻采设备　混砂设备》的规定。混砂设备由承载底盘或橇架和上装部分组成。承载底盘或橇架用于承载上装部分或道路行驶；上装部分由动力系统、管汇系统、仪表控制台、液压系统、液添系统、干添系统、混合罐、输砂器等部分组成（图 2-19）。

1—底盘车；2—动力系统；3—管汇系统；4—液压系统；5—操作仪表系统；
6—干添系统；7—液添系统；8—混合罐；9—输砂系统。

图 2-19　车装柴驱混砂设备

柴驱混砂设备的工作原理如下：混砂设备工作时动力由发动机提供，发动机输出动力驱动分动箱，每个分动箱的四个输出口驱动四组油泵，进而通过液压驱动混合罐、低压管汇系统的供液泵、输砂器中的输砂绞龙等。吸入泵将地面罐配制好的基液经低压管汇中的吸入供液泵送至混合罐内，并与输砂器、液添系统和干添系统所提供的辅助介质混合后，经排出砂泵排出，形成合格压裂液并供给压裂车。混合罐是为不同的介质提供搅拌的空间，混合搅拌好的液体通过罐底由排出砂泵排出。输砂器通过设置在操作室内的控制阀进行连续加砂。操作室内安装有车台发动机的控制机构、指示仪表、各油泵压力表，以及显示混砂车工况的计量仪表，能实现发动机的启动、调速、停机，以及对混砂车各部位的集中控制。电动混砂设备的不同之处在于全部动力由电动机提供。

2. 设备型号

混砂设备有车装式、半挂拖装式及橇装式三种形式。

按照 SY/T 7334—2016《石油天然气钻采设备　混砂设备》中的规定，设备表示方法如下：

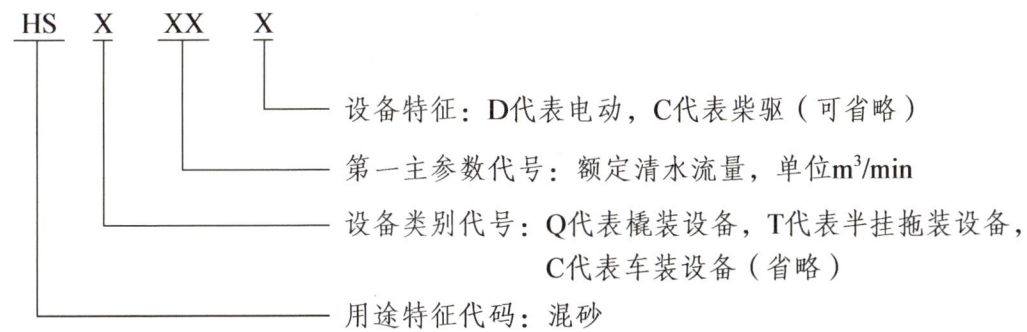

示例:柴驱混砂车额定清水流量为16m³/min,其型号为HS16。

3. 设备参数

混砂设备按额定清水流量进行标定,基本参数见表2-6。

表2-6 混砂设备基本参数

混砂车(橇、拖)	HS(Q、T)04	HS(Q、T)08	HS(Q、T)12	HS(Q、T)16	HS(Q、T)20	HS(Q、T)24	HS(Q、T)32	HS(Q、T)40
额定流量(清水)/(m³/min)	4	8	12	16	20	24	32	40
最大输砂量/(kg/min)	3500	5000	7000	10000	11500	13000	14500	16000
额定排出压力/MPa	0.3~0.7							
标准电压等级/V	380、690							

二、柴驱混砂设备

1. 产品概况

柴驱混砂设备由柴油机、传动、混砂、管汇和控制等系统组成,用于混合压裂液与压裂支撑剂、将混合液输送给压裂泵送设备。

2. 设备现状

1)国外设备现状

柴驱混砂设备在北美、欧洲和中东等地区,有着广泛的应用和发展。不同地区的市场需求和竞争程度有所差异,北美、欧洲等地区的市场发展较为成熟,混砂设备的技术和质量要求高,市场竞争激烈,设备采用高效的混合系统、智能化控制系统,以及先进的环保技术,实现了高度的自动化操作,包括远程监控、故障诊断等功能,很大程度上提高了设备的运行效率和安全性。而在一些新兴市场，如东南亚、非洲等地区，市场潜力大，正处于快速发展阶段。

另外北美地区的压裂车由于是拖挂结构，目前全部采用方形水箱。在混砂车方面基本采用120桶混砂设备（图2-20），主要特点：（1）拖装形式；（2）采用三筒整体式的输砂器；（3）液体添加系统采用质量流量计精确计量；（4）排出泵采用机械驱动，由发动机连接传动轴直接驱动；（5）吸入管汇安装手动蝶阀，加长到操作平台上方，采用机械控制的方式控制吸入的流量，避免漫灌；（6）采用尽可能大的混合罐，实现压裂液的混合搅拌。

图2-20　DRAGON及CALFRAC 120桶混砂设备

2）国内设备现状

国内柴驱混砂设备生产制造商主要包括中石化四机石油机械有限公司、烟台杰瑞石油装备技术有限公司、四川宝石机械专用车有限公司、三一能源装备有限公司等。

（1）中石化四机石油机械有限公司。

四机公司混砂设备根据排出泵在清水工况下的最大流量标定参数，在混合罐快速混排、精确输砂、自动液面控制等技术研发的基础上，研发了SHS08、SHS12、SHS16、SHS20型柴驱混砂设备，最大流量分别为8m³/min、12m³/min、16m³/min和20m³/min，具有混砂排量大、控制精度高的特点，实现了从基液、支撑剂到压裂液的混配输送模式（表2-7和图2-21）。

表2-7　四机公司柴驱混砂设备基本参数

型号	SHS08	SHS12	SHS16	SHS20
额定流量（清水）/（m³/min）	8	12	16	20
最大输砂量/（kg/min）	7000	7000	10000	11500
额定排出压力/MPa	0.3～0.7			
工作液最大含砂浓度/（kg/m³）	≤2400			

图 2-21 四机公司 SHS12、SHS16、SHS20 型柴驱混砂设备

（2）烟台杰瑞石油装备技术有限公司。

烟台杰瑞开发出了适用于国内外作业工况的不同混砂设备，以其高效混合性能、高精度液添系统、精准计量与控制、易于维护保养、适应性强等特点，广泛应用于国内外各作业井场。在加砂控制方面，采用实时计量法，较行业常规设备大幅提高加砂精度。在混合方面，通过仿真分析与实践相结合，新一代混合系统混合能力和适应性得到进一步提升，烟台杰瑞柴驱混砂设备包含：60BPM（10m³/min）、75BPM（12m³/min）、100BPM（16m³/min）、130BPM（20m³/min）等，其中应用最为广泛的为 100BPM 和 130BPM。同时，可根据现场作业需求，灵活选配不同的化添系统、输砂系统和密度检测系统等，以满足客户不同的作业需求（表 2-8 和图 2-22）。

表 2-8 烟台杰瑞柴驱混砂车基本参数

设备型号	HS16	HS20
额定流量（介质为清水）/（m³/min）	16	20
输砂能力/（kg/min）	2 个系统，275～8000	3 个系统（或者 2 个系统），275～11500
额定排出压力/MPa	≥0.5	≥0.5
混合罐容积/m³	1.8	

(a) HS16型　　　　　　　　　　(b) HS20型

图 2-22 烟台杰瑞 HS16（16m³/min）、HS20（20m³/min）柴驱混砂车

（3）四川宝石机械专用车有限公司。

宝石专用车设计生产的混砂车采用一分为四的分动箱，液压系统分配得更加合理，带负载能力大大增强；控制系统为"工业以太网络控制"与"远程仪表控制"的双模式（图2-23）。

图2-23 宝石专用车100桶混砂车

（4）三一能源装备有限公司。

三一能源常规柴驱混砂设备有HS（T）10、HS（T）12、HS（T）16、HS（T）20、HS（T）24等车装或橇装形式。采用自主研发的油田专用底盘，满足山路、自然路和油田路等恶劣工况。配备进口高精度、高性能转子泵，高黏度密度计，质量流量计，性能稳定准确，作业适应性强。整机主要执行机构自动控制，可在线监控及报警提示。控制系统双屏控制，管汇流程、砂泵、水泵、绞龙及混合罐均实现动态仿真，施工过程实时显示（图2-24）。

图2-24 三一能源HSC20型混砂车

3）国内产品应用情况

常规油气井开发大多使用SHS16型以下排量等级的混砂设备即可满足使用要求，施工排量为4~8m³/min。随着非常规油气开采逐渐成为我国油气开采中的重点工程，针对页岩油气开发的一系列工程难点，尤其在目前国家对环保严格要求的大形势下，大型电动混砂设备将逐渐取代柴驱混砂设备。

3. 发展需求及建议

为满足环保政策的要求，混砂设备要降低系统能耗、降低噪声等，实现节能减排；提高支撑剂输送系统的控制精度，采用高效的混合系统，研发智能控制系统，通过物联网技术实现远程监控和故障诊断，提高设备的运行效率和安全性，降低人工成本和劳动强度。

三、电动混砂设备

1. 产品概况

电动混砂设备采用多组变频电机作为动力源，直接驱动相关系统，通过调整电机转速实现调速。

2. 设备现状

1）国外设备现状

电动混砂设备在北美、欧洲和中东等地区，有着广泛的应用和发展。生产电动混砂设备的厂家主要有美国油井服务公司（USWS）、美国发展油气井服务公司（EWS）等，多与压裂设备配套研发应用。国外井场道路条件较好，最大流量 20m³/min 全电动混砂设备已经进行了现场应用，其全电动混砂设备采用半挂拖车结构，整体结构复杂，无法适应国内实际使用需求（图 2-25）。

图 2-25　EWS 电动混砂拖车

2）国内设备现状

国内电动混砂设备生产制造商主要包括中石化四机石油机械有限公司、烟台杰瑞石油装备技术有限公司、四川宏华电气有限责任公司、四川宝石机械专用车有限公司、三一能源装备有限公司等。

（1）中石化四机石油机械有限公司。

四机公司形成了 SHS26DQ、SHS32DQ、SHS40DQ 系列化电动混砂设备，最大清水排量达到 20~32m³/min。其中，SHS26DQ 配置辅助供液设备，满足一边打砂、一边打水作业需要，多绞龙结构设计，最大输砂量 8m³/min，实现了混砂本地无人化操作。研制开发了 SHS32DQ 型全电动超级混砂橇，实现单泵排量 32m³/min 的混砂和供液，实现混砂设备"单路大排量携砂供液"，最大砂比 40%，采用低转速排出系统，提高排出砂泵叶轮使用寿命 2~3 倍（表 2-9 和图 2-26）。

表 2-9 电动混砂设备参数

型号	SHS26DQ 型	SHS40DQ 型	SHS32DQ 型
最大排量 /（m³/min）	20	2×20（双泵）	32（单泵）
辅助供液排量 /（m³/min）	6	—	—
最大输砂量 /（kg/min）	11500	11500	15000
额定排出压力 /MPa	0.6	0.6	0.6
额定电压 /V	380	380	380

(a) SHS40DQ 型

(b) SHS32DQ 型

图 2-26 四机公司 SHS40DQ 型、SHS32DQ 型单泵全电动混砂橇

（2）烟台杰瑞石油装备技术有限公司。

烟台杰瑞已形成系列化，包括：HS20D、HS24D、HS40D 三种型号电动混砂设备，采用先进的电动驱动技术和自动化控制系统，以提高设备的能效和操作精度（表 2-10）。

表 2-10 烟台杰瑞电动混砂设备基本参数

设备型号	HS20D 电动混砂设备	HS24D 电动混砂设备	HS40D 电动混砂设备
额定流量（介质为清水）/（m³/min）	20	24	40
输砂能力 /（kg/min）	275~11500	275~11500	4 个系统，275~11500
额定排出压力 /MPa	0.5	≥0.5	≥0.6
混合罐容积 /m³	1.8	2.0	5.0

高效混合性能：配备高效的搅拌系统，采用罐中套罐结构，满足多种排量、砂比作业，能够迅速而均匀地将支撑剂（如砂子）与压裂液混合。

高精度液添系统：具有将各种化学药品和水混合的能力，输送精度高，可输送不同黏度的化学药剂，维护清理简单。

精准计量与控制：配置压裂液"一键式"智能化控制系统，根据作业前设定参数，降低人工强度，提高了作业效率。

易于维护保养：易于操作维保空间加智能维保智能诊断系统，日常检查和定期维护简单快捷；标准化的零件和模块化便于快速更换损坏部件，减少了维修时间和成本。

适应性强：可定制开发，适应多类型作业工况。

（3）四川宏华电气有限责任公司。

四川宏华全电动HS20混砂设备，全自动变频控制，采用全数字变频驱动代替柴油机+液压驱动，高砂比、大排量稳定供液，具有调节平滑、机械损伤小、维护量少、噪声低至80dB，具备手动/自动两种控制模式，搅拌效率高，搅拌罐液面稳定、排出压力稳定等特点（表2-11和图2-27）。

表2-11　四川宏华HS20电动混砂设备基本参数

型号	HS20
额定功率/kW	620
最大排量/（m³/min）（清水）	20
最大输砂量/（m³/min）	7.5
最高排出压力/psi（MPa）	70（0.5）
混合罐容积/m³	2
输入电压	AC380V/50Hz

图2-27　四川宏华HS20电动混砂设备

（4）四川宝石机械专用车有限公司。

宝石专用车研发的HS20电动混砂橇具备全电动化、响应快速特点，且无柴油、液压油，彻底消除漏油等问题；最大清水能力20m³/min（HS20），混砂能力从16~20m³全覆盖；远程自动控制，自动化率高，省人省力，减少井场占地面积（图2-28）。

图 2-28　宝石专用车 HS20 电动混砂橇

配置宝石专用车自主研发的高铬混砂泵离心泵和 BLS900 系列电磁流量计（图 2-29），离心泵性能指标对标美国 MISSION 公司，采用双蜗壳流道，易损件寿命达常规混砂泵 2.5 倍以上，可全面替代进口砂泵。电磁流量计采用温度补偿电路、强励磁电压等技术，满足不同黏度、密度和温度下测量信号的稳定性，选用大通径耐磨蚀衬底材料加工制造，具有测量范围大、耐冲蚀等特点。

 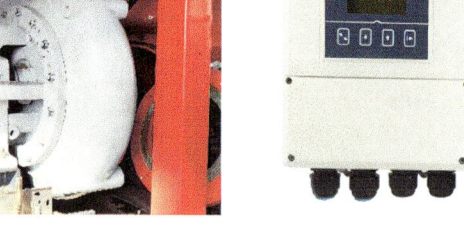 

(a) 离心泵　　　　　　　　　　　　(b) 电磁流量计

图 2-29　宝石专用车国产离心泵及电磁流量计

（5）三一能源装备有限公司。

三一能源开发出了 HSQ20 和 HSQ24 电动压裂泵送设备，全系统均采用纯电变频直驱技术，满足了绝大部分压裂市场混砂作业需求，并在川渝、新疆等多种作业工况进行了验证（图 2-30）。

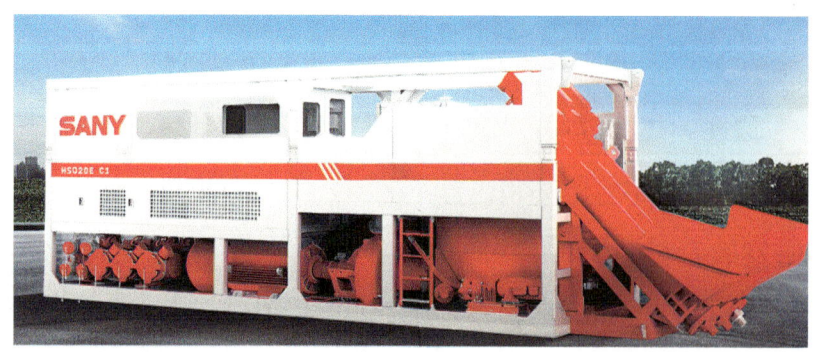

图 2-30　三一能源 HSQ20E C1 电动混砂设备

3）国内产品应用情况

国内电动混砂设备广泛应用于油气田开发，特别是在页岩气等非常规油气资源的开发中发挥着重要作用，提高了施工效率，降低了能源消耗和二氧化碳排放。因其高效率和环保性能，借助川渝和新疆地区丰富的电力资源及电动化带来的高效低成本优势，已在国内多个油气田得到大规模应用。

3. 发展需求及建议

为满足非常规油气开发压裂施工"大排量、大砂比"的需求，要求混砂设备技术不断创新，例如，采用更高效的混合系统、智能化控制系统，以及先进的环保技术。其次实现高度的自动化操作，包括远程监控、故障诊断等功能，大大提高设备的运行效率和安全性。

第三节 仪表设备

一、集中控制系统

1. 设备概述

集中控制系统最核心的功能是在仪表设备上通过远程通信的方式实现设备的本地化远程控制，确保作业安全性和信息获取的及时性。作业过程中，集中控制系统对压裂泵送设备、混砂设备、混配设备、供配液、储供输及部分辅助配套设备用计算机环形网络的方式连接起来，每台设备上都配备远程自动控制单元，通过网络及处理站来实现对压裂作业的集中自动控制，实时采集、显示和记录压裂作业全过程的数据，并打印输出施工数据和曲线报表，配合全井场视频监控系统，提高施工质量，实现机组的集群化网络控制。

集中控制系统的设计与制造应满足 SY/T 5072—2017《石油天然气钻采设备 仪器车通用技术条件》的规定。设备由承载底盘或橇架和上装部分两部分组成，承载底盘或橇架用于承载上装部件或道路行驶，上装部分由厢体、柜体、减振系统、电源系统、通信系统、冷暖系统、计算机数据采集分析系统、泵车控制系统、混砂车控制系统和井场监测系统组成（图2-31）。

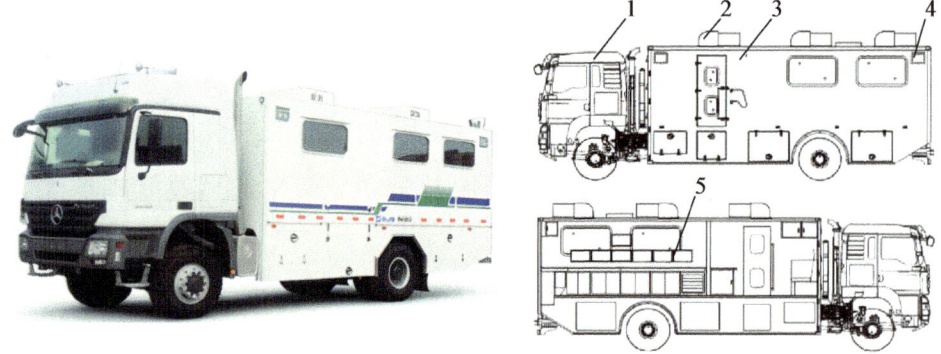

1—底盘车；2—空调系统；3—厢体；4—外照明；5—控制系统。

图 2-31　仪表设备

2. 设备型号

仪表设备有车装式、半挂拖装式及橇装式三种形式。其表示方法如下：

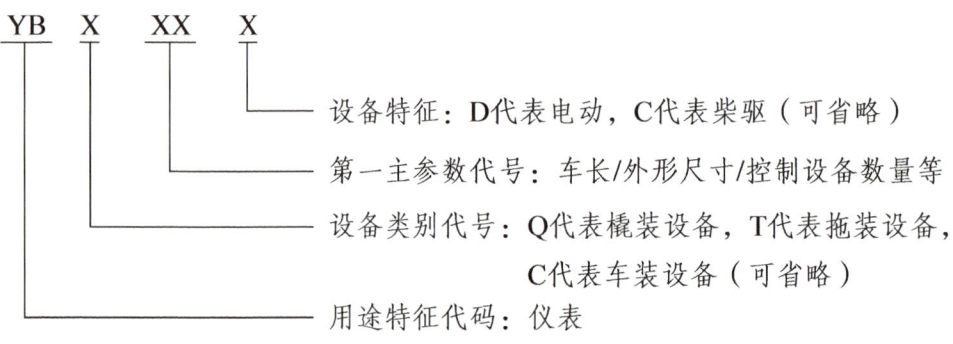

示例：四机赛瓦柴驱仪表车车长 10m，其型号为 YB10。

烟台杰瑞非防爆仪表车，可控制 24 台压裂设备和 2 台混砂设备，其型号为 YBC24-2。

宝石专用车仪表橇，外形尺寸为 9m×2.5m×2.5m，其型号为 YBQ9×2.5×2.5。

3. 设备参数

仪表设备参数见表 2-12。

表 2-12　仪表设备基本参数

参数	参数值
受控设备 / 台	1~48

4. 设备现状

1）国外设备现状

国外的集中控制系统经过多年沉淀和不断升级，逐渐形成客户操作舒适、特征鲜明的系统群。美国 Halliburton 公司的压裂机组网络控制系统可以实现多台压裂泵送设备之间的相互控制，自动编组操作，代表了当今压裂控制技术的最高水平。

2）国内设备现状

国内集中控制系统生产制造商主要包括四机赛瓦石油钻采设备有限公司、烟台杰瑞石油装备技术有限公司、四川宏华电气有限责任公司、四川宝石机械专用车有限公司、三一能源装备有限公司等。

（1）四机赛瓦石油钻采设备有限公司。

四机赛瓦的集中控制系统采用先进的传感器技术，能够精确测量和监测压裂过程中的压力、流量、温度等关键参数，为压裂施工提供准确的数据支持。具备智能化的控制系统，可实现对压裂设备的远程监控和自动化控制，提高施工效率和安全性。

按功能可分为电动压裂控制系统、柴驱压裂控制系统、电动混砂控制系统、电动混配控制系统、分级报警系统、数据远程传输系统、机组无线控制系统、数据采集及处理系统、井场无线视频监控系统等多个系统，各系统之间可实现信息的相互传输和共享，是一个相互联系、相互作用的统一整体，通过信息的统一处理能够及时发现问题并提出问题的解决方案。自主研发的SOFElink石油装备工业互联网智能云平台，可实现设备的远程管理和数据分析，为用户提供更加便捷和高效的服务（表2-13和图2-32）。

表2-13 四机赛瓦集中控制系统主要参数

参数	参数值
最多控制压裂设备数量	40台（按需配置）
成套设备控制/监控功能	可远程控制混砂、混配、供砂、供液等压裂成套及配套设备
通信系统	外部通信系统/内部通信系统/广播系统（选配）
视频监控系统	有线视频系统/无线视频系统（选配）
UPS电源	2kV·A/3kV·A
数据采集系统	2套
供配电系统	开架发电机/静音发电机/不间断电源（额定功率按需配置）
显示器规格	23in/40in/98in（选配）
空调数量	电暖风机/风幕/燃油加热器/空气加热器（选配）
其他选配系统	一键压裂系统、数字孪生系统、服务云平台、远控防爆平板电脑、便携式数采系统等

图2-32 四机赛瓦集中控制系统

（2）烟台杰瑞石油装备技术有限公司。

烟台杰瑞的集中控制系统包括压裂装备控制模块、装备健康评价模块、安全管理模块、装备全生命周期管理平台、数据交互模块等五大模块，实现了压裂装备一键操控、实时健康评价、风险在线感知、数据同步交互等功能。

压裂装备控制主要包含低压集群控制模块、泵组智能调配模块、地面流程控制模块、集群控制模块、测井桥射模块等五大模块，实现了压裂作业自动供砂供液、排量智能分配升降、作业流程一键切换、作业参数一键导入等功能。

装备健康评价模块主要包含核心部件健康度评价、装备健康度评价两大功能模块，主要实现对现场核心压裂装备及关键核心部位总体健康情况做出整体评价，保障现场压裂装备的平稳运行。

安全管理模块主要包括液体泄漏、无人区吊装识别、异常情况预警等模块，实现压裂作业现场人或设备不安全行为或状态的自动识别，保障现场施工安全。

装备全生命周期管理平台（云端展示）主要包括井场数据综合展示，设备管理、物资管理，模型构建管理，数据统计及分析，网关及相关系统配置管理，以实现对现场各装备运转情况、物资消耗情况在线管理。

数据交互模块包含：装备运行标准交互协议、物联网网络管理、作业现场数字孪生、运行数据集中展示、作业流程展示、人机交互等关键模块，主要实现关键数据集中展示、实时数据自动交互、云端平台互通互联等功能。

车装及橇装仪表设备具有空间紧凑、布局合理、转运便利、运营成本低等特点；最新的数字化指挥中心产品集远程视频会议、井场集中控制、作业指挥等多功能于一体，舱体单/双侧大跨度拓展，形成更舒适的操作空间，内部空间提升达45%～80%（表2-14和图2-33）。

表2-14 烟台杰瑞集中控制系统主要参数

参数	参数值
最多控制压裂设备数量	48台
成套设备控制/监控功能	可远程控制混砂、混配、供砂、供液等压裂成套及配套设备、便携式数采系统
通信系统	标准配置12套
视频监控系统	3套
UPS电源	$2kV \cdot A/3kV \cdot A$
数据采集系统	2套
智能化系统	装备控制模块、装备健康评价模块、安全管理模块、全生命周期管理平台、数据交互模块

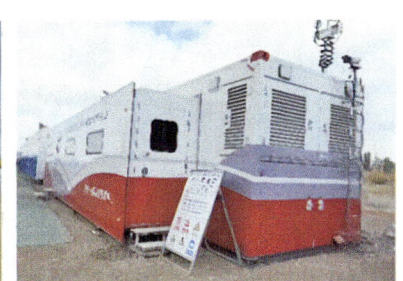
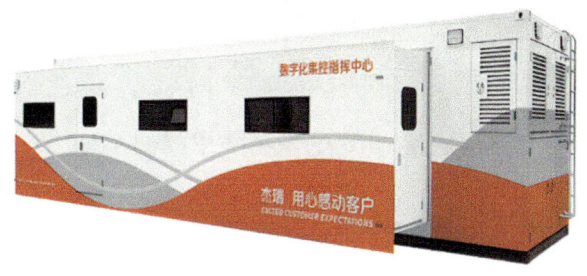

图 2-33　烟台杰瑞仪表车、仪表橇、仪表半挂车

（3）四川宏华电气有限责任公司。

四川宏华集中控制系统舱体采用军用方舱结构设计，结构坚固可靠，能适应 -20～50℃高温干旱、风沙、严寒的恶劣气候环境。指挥控制中心配置 4G 无线传输系统，能够将所有设备参数及施工数据、现场视频传输至云端，远程信息中心或手持终端设备可实时访问云端，实现远程设备监控、专家支持决策，以及设备远程运维功能；可进行压裂全流程实景模拟，关键设备部件透视化呈现，一键压裂智能控制系统，启动全流程自动化控制，混砂、混配、供液、供砂协同作业，结合施工压力变化智能分配和调整泵排量（表 2-15 和图 2-34）。

表 2-15　四川宏华集中控制系统主要参数

参数	参数值
最多控制压裂设备数量	32 台
成套设备控制/监控功能	可远程控制混砂、混配、供砂、供液等压裂成套及配套设备
通信系统	标准配置 20 套
视频监控系统	1 套（可扩展）
UPS 电源	2kV·A/3kV·A（可选）
数据采集系统	2 套（一备一用）
柴油发电机/PTO 发电机 380V	选配，380V 三相/220V 单相 50Hz，额定功率按需配置
显示器规格	8 台 22in、4 台 65in（标配可选）
空调数量	4 套
配置系统	一键压裂系统 iFracOPS、iFracView 数采系统、iPowerMonitor 局域电站管理系统，井场视频监控系统、远程服务云平台

图 2-34　四川宏华 HHDV3 系列集中控制系统

（4）四川宝石机械专用车有限公司。

宝石专用车设计生产的仪表车/橇可实现同时控制 48 台压裂车和 2 台混砂车；配置 UPS 不间断电源系统技术，在设备意外失去外电的情况下可继续运行，保证施工的延续性（图 2-35）。

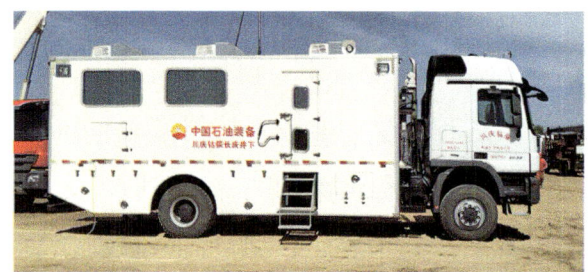

图 2-35　宝石专用车集中控制系统

（5）三一能源装备有限公司。

三一能源的集中控制系统操作室内设置压裂泵送设备远控网络控制系统、混砂设备远程监控系统，能实现集中远控操作压裂装备；数据采集系统可实时采集施工作业数据；可实现软件升级及兼容新增设备（表 2-16 和图 2-36）。

表 2-16　三一能源集中控制系统主要参数

参数	参数值
运载方式	橇装
最多控制压裂设备数量	24 台压裂设备 +2 台混砂设备
成套设备控制/监控功能	可远程控制混砂、混配、供砂、供液等压裂成套及配套设备
视频监控系统	1 套
数据采集系统	2 套
显示器规格	5 台 24in、1 台 43in
配置系统	可视化机组管理系统、在线压裂机组一键配置，数字映射技术构建远程数据传输系统

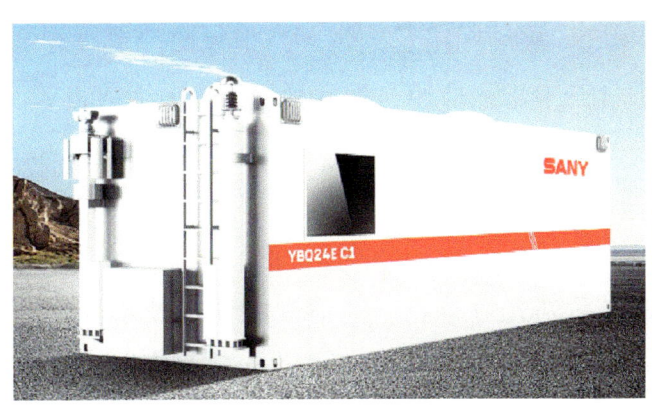

图 2-36 三一能源集中控制系统

3）国内产品应用情况

国内仪表产品的集中控制系统发展速度很快，自主开发能力强，逐渐形成了更适合中国油气开发习惯的集中控制系统，仪表产品在压裂施工中作为远程监控设备，能够远程遥控压裂设备和混砂设备，通过实时数据采集和施工监测，为施工提供全面的数据分析，从而优化施工方案。同时随着国内油气资源需求的增长，设备集中控制系统的智能化、集成化、自动化和数字化得到快速发展。

5. 发展需求及建议

目前国内集中控制系统总体发展水平与国外集中控制系统综合性能基本持平，但是由于操作习惯，国内集中控制系统出口较少。近几年，压裂成套装备逐步走出国门，进入北美、中东、中亚及极寒地区开展工程服务。

伴随国内压裂工程的数智化建设，不同设备制造厂家的集中控制系统与设备之间的兼容性、集成性、内部逻辑和衔接能力，是用户持续关注并亟待解决的问题；其次开展智能化压裂技术研究，开发压裂设备核心部件故障预警与决策系统、远程决策支持中心和压裂大数据平台，实现全井场压裂设备一键智能控制，通过构建数字化的运营体系，提高电动压裂设备的运营效率，是未来集中控制系统的发展方向。

二、压裂井场视频监控系统

1. 设备概述

压裂井场视频监控系统由摄像部分、传输部分、控制部分和显示部分组成，作为井场最直接的作业安全可视化配置，可通过视频技术实现对压裂现场的实时监控。视频画面的传输方式分为有线和无线两种。有线传输的介质可分为同轴电缆、双绞线和光纤；无线传输主要的传输方式有卫星、微波系统、4G 和 5G 移动网络及宽带等。视频监控系统除仪表产品本身配置外，也不断涌现出新技术在油气开发中的应用，如巡检机器人、无人机等。

2. 设备现状

1）国外设备现状

国外压裂井场视频监控系统技术上具有系列先进特点。高清视频监控技术采用高分辨率传感器摄像头，具有星光级夜视功能及红外补光等，能够适应各种光照条件，监控画面清晰可见；采用先进的网络技术，确保视频流和数据无缝、快速地传输到远程监控中心，实现实时数据传输；集成智能分析功能，进一步提升了监控系统的智能化水平，能够自动识别人员身份，监测潜在安全风险，并在检测到异常行为时发出警报并与指挥中心联动。

云平台管理功能使用户可以随时随地通过互联网访问监控系统，查看实时视频，回放历史录像，以及进行数据分析，极大地提高了管理效率，也使得远程协作成为可能。系统具备较高的防护等级，如防水、防尘、耐高温等，确保在极端天气条件下也能稳定运行。

压裂井场视频监控系统能够与其他监控系统，如安全监控系统、环境监测系统等无缝对接，形成一个综合性的监控解决方案；提高了数据的利用率，增强了监控系统的功能性和可靠性，用户可以实现对井场全方位、多角度的监控，确保作业的安全性和高效性。

2）国内设备现状

国内压裂井场视频监控系统生产制造商主要包括四机赛瓦石油钻采设备有限公司、烟台杰瑞石油装备技术有限公司、四川宏华电气有限责任公司、三一能源装备有限公司等。

（1）四机赛瓦石油钻采设备有限公司。

四机赛瓦的压裂井场视频监控系统技术成熟，系统设计上注重安全性能，具备较强的防尘、防水、防震能力，适应恶劣环境，主要用于全井场关键部件或区域检测，实现操作人员的可视化操控。压裂泵送设备监视柱塞泵的动力端和发动机，混砂设备监视砂斗、混合罐和液压站，井口和高压管汇区等，每个位置配置无云台定焦 IP 网络摄像头，视频信号可并入机组监控网络，实现远程监控和数据传输，提高了监控效率和数据处理能力。现场所使用的摄像机具备红外功能，视频信号通过有线或者无线方式接入集中控制系统（图 2-37）。

（2）烟台杰瑞石油装备技术有限公司。

烟台杰瑞的压裂井场视频监控系统在功能设计上已扩展为消防安全视频监控系统、生产安全视频监控系统、装备安全视频监控系统。消防安全视频监控系统由设备消防模块、井场集中消防模块组成，其主要功能为：针对压裂泵组发动机、自动加油装置、油品堆放区等消防高危区域进行实时视频监控，并利用人工智能算法及红外温度感知技术，实现井场消防安全防护。生产安全视频监控系统由门禁管理、电子围栏、违章识别、设备自动巡检、危害气体检测、电缆控制头渗漏识别等模块构成，主要通过摄像头、传感器及配套智能算法，实现对现场人员、装备不安全行为的识别、告警。装备安全视频监控系统由柱塞运行监控、混砂运行监控、吊装监控、高压管汇及井口监控等模块构成，主要实现对压裂泵车、混砂车、吊装区域、高压管汇、井口等影响装备作业的高危区域实时监控、智能预警等（图2-38和图2-39）。

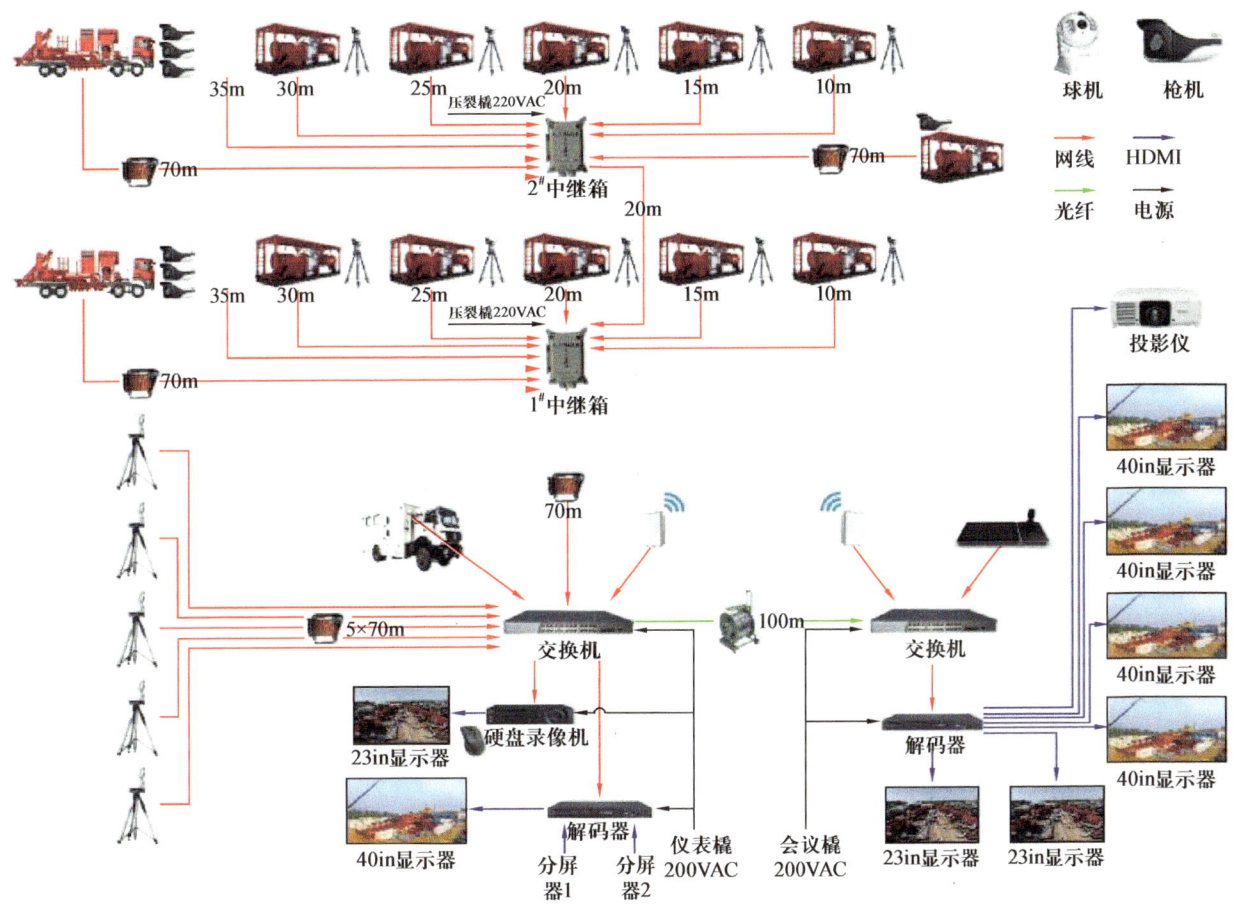

图2-37 四机赛瓦机组监控示意图

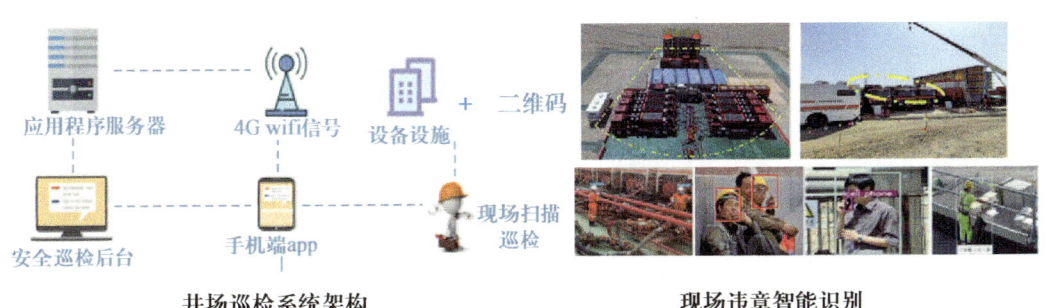

井场巡检系统架构　　　　　现场违章智能识别

图2-38 烟台杰瑞井场生产安全视频监控示意图

图 2-39　烟台杰瑞井场装备安全视频监控示意图

（3）三一能源装备有限公司。

三一能源研发的视频监控系统采用室外红外一体化摄像机，具有光学变焦功能，云台水平 0°～360°旋转、垂直 -90°～90°旋转；舱内配置固定摄像机、网络硬盘录像机、24 口交换机、43in 显示器等。

3）国内产品应用情况

国内厂家研发的压裂井场视频监控系统已经广泛地应用于各地区的压裂井场，这些系统不仅实现了对井场的远程监控，还能够实时传输关键数据，并在检测到异常情况时自动发出报警信号。配备有高分辨率的摄像头，结合先进的智能分析技术，确保了对井场关键部位的实时监控；利用现代网络技术，监控数据实时传输至远程指挥中心，可及时掌握现场动态，做出快速反应。系统的稳定、可靠和安全性高，不仅减少了井场安全生产的风险，提高了作业效率，而且实现了井场管理智能化和精细化，为石油天然气行业的安全生产提供了有力的技术支持。

3. 发展需求及建议

目前国内视频监控系统的配套性、监控水平参差不齐，不同用户关注的重点不同，如云台摄像机的防爆性能、画面清晰度或是红外距离，而智能报警、自供电、电子围栏等个性化功能应用也是未来的趋势。

三、智能决策系统

1. 设备概述

通过在压裂作业过程中对高压、低压设备作业数据的实时采集、压力异常监测与智能决策、井场安全异常识别、设备健康度智能监测，赋能压裂全流程控制的相应控制算法和异常自主决策处理，自主完成压裂作业施工的全过程，压裂作业过程中各施工流程中的各种常见异常的智能诊断与决策，各类主要设备异常智能诊断、井场安全异常智能识别，以及由此导致的应对措施智能决策，同步进行压裂施工全部流程进度及各项参数的实时监测和可视化呈现。降低了对压裂作业指挥人员及操作人员技能和异常处理经验的要求和依赖，大幅减少了人员数量，降低了人为操作失误风险发生，提升了作业安全性和效率。

2. 设备现状

1）国外设备现状

在全球数字化、智能化发展的大背景下，北美规模较大的油服公司都在发展自己的压裂智能化系统，但是很少公开相关系统的技术信息。哈里伯顿公司推出了Octiv自动压裂服务，实现压裂作业的工作流程、信息和设备数字化和自动化。操作员只需点击"开始"即可在井场泵送一个阶段。泵送阶段的数据从远程操作门户配置泵送计划和自动化设置，在现场屏幕上输入确认后，系统开始自动控制，监控井况，并按计划执行该阶段。操作员可以通过远程访问压裂平台或通过压裂设备上的实时界面来监控自动阶段执行。如需手动控制，只需一键即可实现，且可以在系统处于自动化或非自动化状态时随时进行手动调整，显示控制系统如何实时响应井况的变化（图2-40）。

图 2-40　哈里伯顿的Octiv智能压裂平台

2）国内设备现状

国内智能决策系统生产制造商主要包括四机赛瓦石油钻采设备有限公司、烟台杰瑞石油装备技术有限公司、四川宝石机械专用车有限公司、三一能源装备有限公司等。

（1）四机赛瓦石油钻采设备有限公司。

四机赛瓦开发的数智压裂平台，集成了涵盖开闭锁、供配电、管汇流程、井口、液罐、砂罐、阀门多系统融合交叉的全流程系统，整合多种设备（物料供给，混砂压裂，管道流程，井口控制）智能控制终端，实现数据链路联通，可根据设定工艺参数实现"一键压裂"，进行压裂井场标准化设计，并将可控设备增加到至少100台/套，开发了SOFELINK微服务平台、压裂泵PCM诊断系统等系统平台。

"一键压裂"控制系统：针对非常规油气压裂施工"自动供水供液"的需求，基于供水、配液、阀门开关等状态监测的全流程自动供配液系统，实现远端自动供水、配液远程控制、阀门远程精准开关等流程的"一键"式操作（图2-41）。

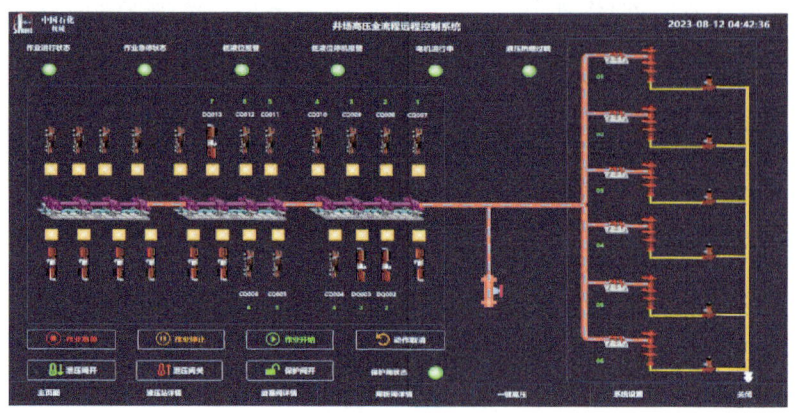

图 2-41　全流程"一键压裂"操作界面

压裂标准化井场设计软件：针对"无专用压裂井场设计软件、常规CAD软件可视化程度低"的问题，开发了压裂井场三维设计软件，实现工程装备数字化模拟全流程，形成作业装备的三维模拟布置数字孪生，保障施工安全，提升施工效率（图2-42）。

图 2-42　标准化井场

SOFELINK微服务平台：针对压裂施工现场"设备运维及故障诊断不方便"的问题，推进井场无人化、作业可视化、控制智能化，实现生产作业微服务实现压裂专家远程实时指挥，运维微服务实现可视化检维修管理和知识库共享，故障诊断微服务实现装备健康预警、降低非计划性停机（图2-43）。

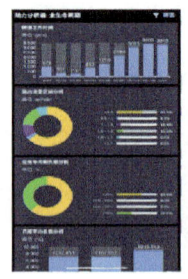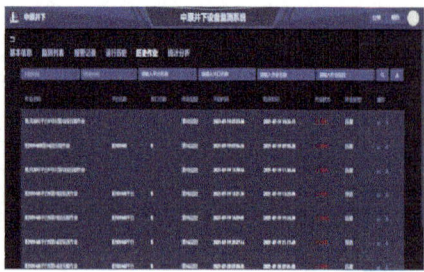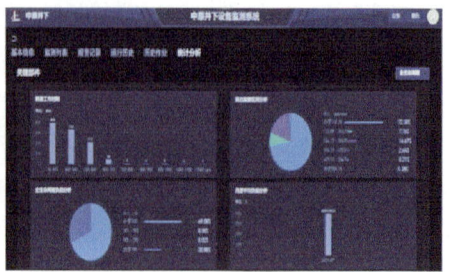

图 2-43　SOFELINK微服务平台操作界面

压裂泵 PCM 诊断系统：针对压裂施工过程中存在"压裂泵异常故障导致设备停机"的问题，实时分析处理压裂泵温度、压力、振动等数据，实现预测性维护，故障预测准确率达到 90% 以上，系统可在云端、手机端、本地端运行，具备设备报警参数配置、查询、零部件更换记录等功能。

（2）烟台杰瑞石油装备技术有限公司。

烟台杰瑞开发的"压裂智能决策系统"主要包括压裂智能决策指挥中心、压裂风险预警与工况监测分析系统、井场安全管理系统、设备健康诊断系统、数据及命令转发服务器、高压系统智能控制中心、低压系统智能控制中心（图 2-44）。

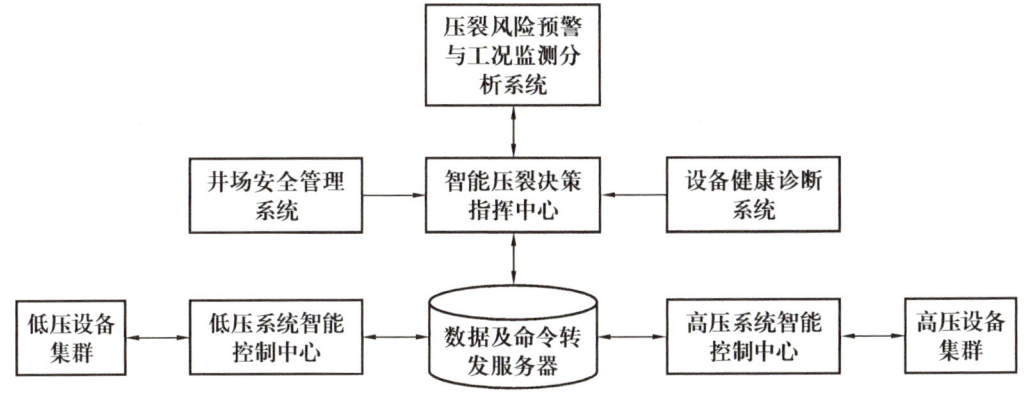

图 2-44　烟台杰瑞压裂智能决策系统架构

压裂智能决策指挥中心实现压裂作业全流程自动控制，包括打背压、开井口、送球、泵注、保压、关井口，以及循环排空、试压等。用户按照模板导入施工设计流程，决策中心自动将作业参数、指令下发给高低压智控系统，施工阶段参数、流程进度一目了然（图 2-45）。

图 2-45　烟台杰瑞压裂智能决策系统现场作业

压裂风险预警与工况监测分析系统集成压裂施工异常智能决策模型，基于来自压裂智能决策指挥中心的实时作业数据，实时识别施工过程中压力异常的情况，并根据识别到的异常特征，做出相应的砂量或排量保持、降砂比、停砂、降排量、停机等处理决策指令，反馈至压裂智能决策指挥中心。

井场安全管理系统包括管汇刺漏识别、高压区入侵识别、高温或火灾预警等模块，实现压裂作业过程中的现场管汇液体泄漏、设备异常高温及起火、高压区人员闯入等人的不安全行为和设备的不安全状态的自动识别，并将报警信息实时反馈至压裂智能决策指挥中心。

设备健康诊断系统可实现柱塞泵、电机、离心泵等关键部件的状态监测及故障预警，并将异常预警信息实时反馈至压裂智能决策指挥中心。

（3）四川宏华电气有限责任公司。

四川宏华开发了设备监控系统、数据采集记录系统、远程传输系统、远程专家诊断系统等，并实现了网页、手机、客户端等多元化远程实时监控，广泛适用于压裂现场及远程信息化。

通过自主研发 iFracPlat、iFracOPS、iFracView 等软件产品，实现了全套电动压裂装备远程集中控制，并可实现全流程自动化控制、"一键式"操作、排量压力自动控制、施工异常预警等功能，让压裂装备更加"聪明"起来，大大节省了施工所需的人力，实现了部分施工区域无人化，提升了施工的安全性（图2-46和图2-47）。

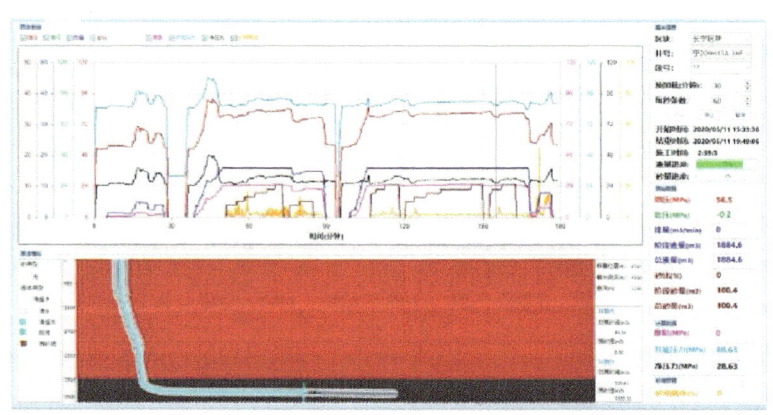

图 2-46　四川宏华智能压裂决策系统软件

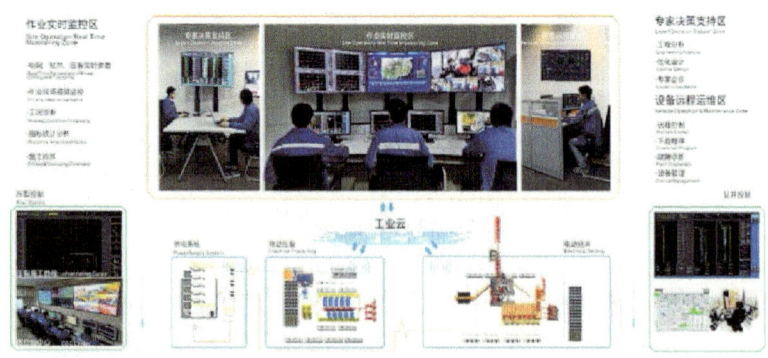

图 2-47　四川宏华智能压裂决策系统平台

自动化作业流程控制可实现施工作业按照预定程序自动压裂，在集成全设备控制模式下，能够有效提高作业效率，实现计划与实际结果的一致性。主要特点如下：

① 一键供液、配液控制：通过选择液性，水罐根据编组，自动完成阀门流程控制。

② 一键输砂控制：通过输砂类型，自动匹配砂塔阀门及输出绞龙。

③ 自动泵组排量控制：通过总排量设定，自动根据泵工况及负载能力平衡排量分配控制。

④ 自动泵注程序控制：通过预定程序，一键开始，实现自动调整排量、供液、输砂控制，在无人干预的情况下，自动完成一段压裂施工。

智能压裂控制系统将人工智能、大数据等技术综合应用于压裂施工全过程，从而最大限度地提高压裂效率和降低砂堵风险，主要特点如下：

① 排量智能调整：施工过程中，根据泵注压力及电网负荷情况，自动调整泵注排量，保证作业压力、电网的安全下，提升作业效率。

② 智能砂堵预警：基于AI算法的砂堵预警功能模块，可以通过检测到砂堵风险后自动调整压裂工艺参数，一定程度上避免了工程事故的发生，增加了加砂压裂的安全性。

专家诊断系统：iFracOptim 压裂实时监控分析系统，基于远程信息化技术实现实时数据采集，并基于理论计算模型与微元思想完成井底压裂数据计算，利用时间序列算法进行趋势预测，并通过大数据和神经网络算法，实现砂堵预警模型训练和砂堵预测；基于拟三维裂缝扩展模型实现裂缝监测，能对压裂施工进行实时监控、分析。通过软件工程实现数据、信息可视化、模型化。

（4）四川宝石机械专用车有限公司。

宝石专用车牵头研发了具有自主知识产权，以实现油气开采智能化、高效化运营目的的"智慧压裂控制系统"方案：eFracer® 易压裂协同控制系统软件。该软件以"一键压裂"为控制核心、在线监测作为感知核心、智能维保作为决策核心，围绕实现多系统的纵向兼容进而实现智能化，分模块、分阶段的系统开发。开发过程中，以生产组织层面作为开发基础，把标准通信接口涵盖全井场施工各个工艺作为开发目标，以尽量减少对现有设备的硬件改造作为开发准则（图2-48和图2-49）。

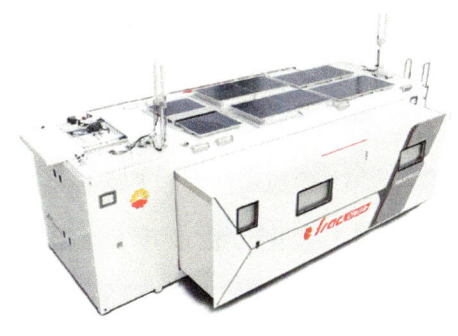

图 2-48 宝石专用车星舰一体式压裂指挥方舱

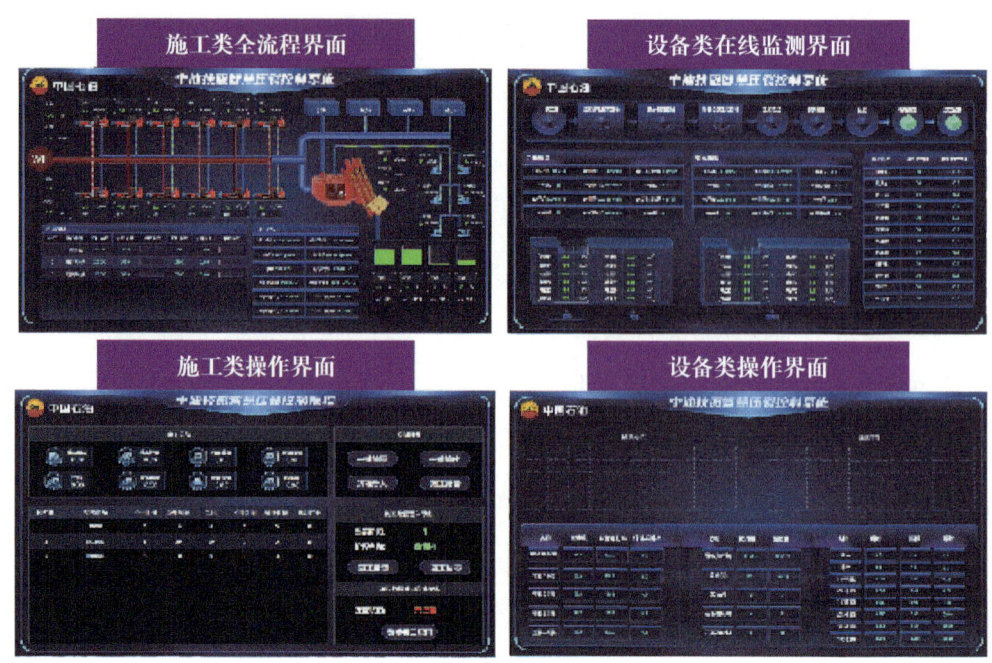

图 2-49　宝石专用车压裂施工全流程界面

在软件控制层面设计上，采用全平台智慧压裂技术即一键施工技术，依据压裂施工流程和压裂施工泵注设计表，通过系统自主决策、自主控制完成压裂施工作业。控制部分以智能施工控制系统作为核心，数据采集和监控系统作为辅助，利用先进的工业自动化控制技术，实现压裂核心装备的自动控制、装备之间的联动控制，以及一键控制，降低现场用工成本，提升装备操控效率、降低施工作业风险、保障人员装备安全（图 2-50）。

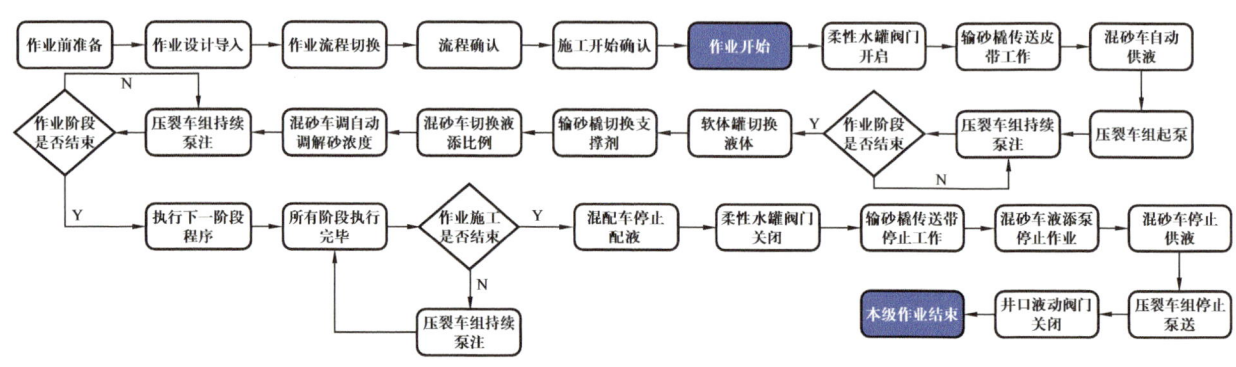

图 2-50　"一键压裂"流程

在系统感知层面，通过安装高清摄像头和无人机巡检，以及在井场各个关键位置安装传感器，实现对井场各个区域的实时监控、井场在线监测。监控系统可以实时传输视频图像到监控中心，结合实时采集传输到监控中心的参数信息，监控中心可以对数据进行分析和处理，及时发现异常情况并采取相应的措施。同时利用大数据分析技术，分析历史数据，能及时发现设备故障、异常或潜在的安全隐患，为设备的预防性维护、故障诊断和应急处理提供数据支持，从而保障井场的安全、高效运行（图 2-51 和图 2-52）。

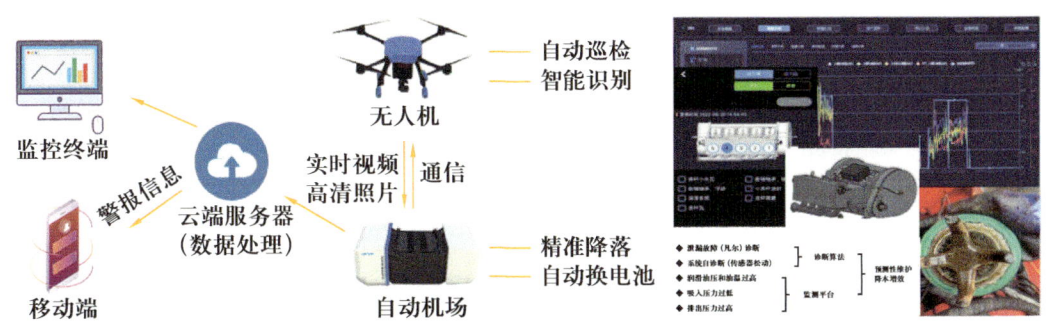

图 2-51　宝石专用车无人机巡航及故障精准定位

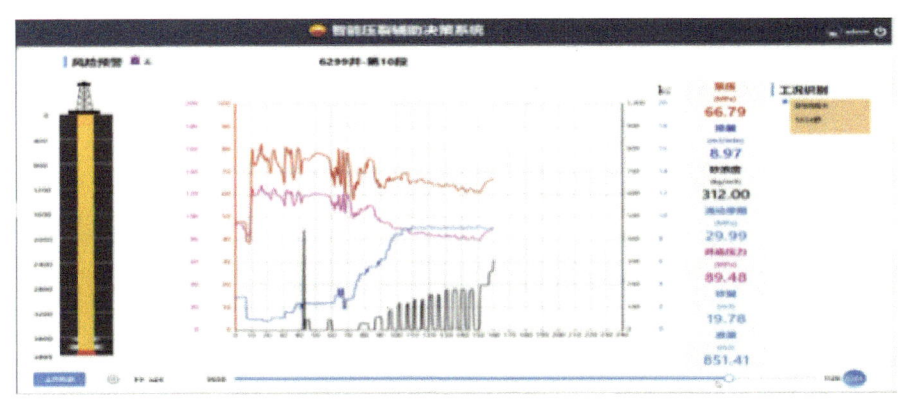

图 2-52　施工曲线

在决策层面，采用三维数字化井场，集成压裂井场实时数据，通过数字孪生技术实现 3D 可视化建模，将井场 20 余种设备的传感器分布实时展示在模型中，真实再现井场布局与周边环境，多维度展示设备实时状态（图 2-53 和图 2-54）。

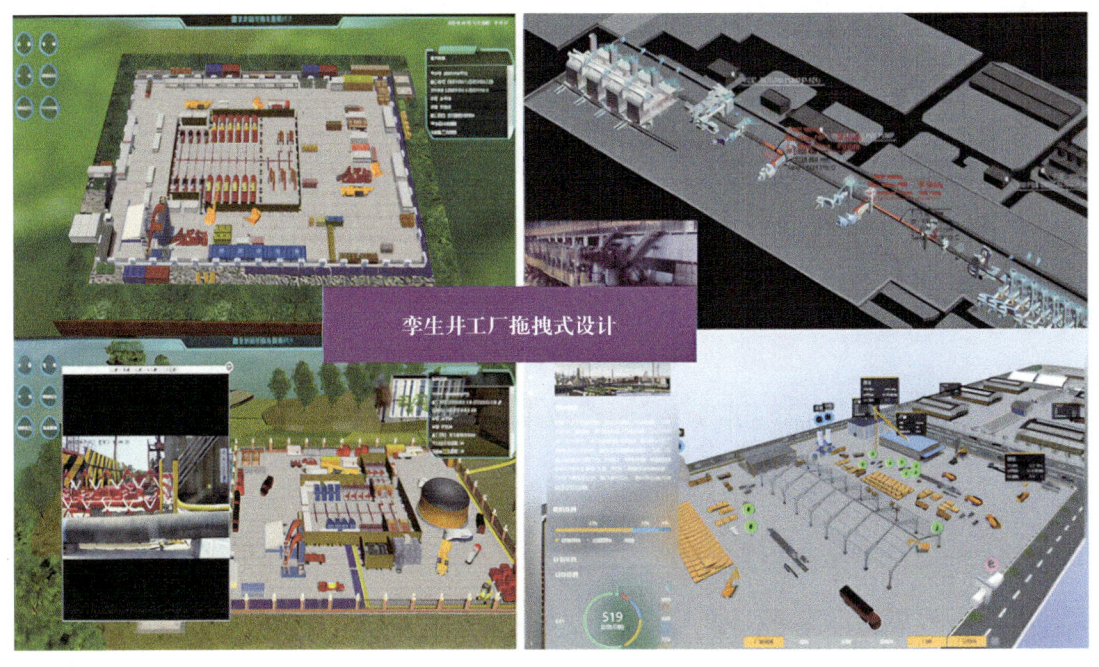

图 2-53　宝石专用车数字孪生井场

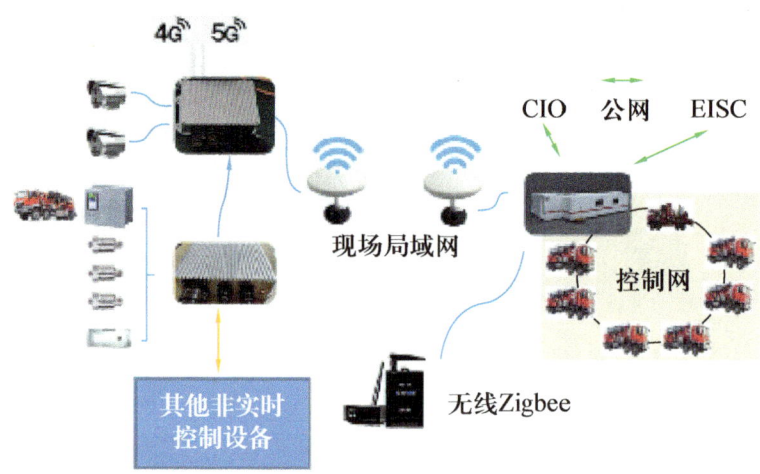

图 2-54　宝石专用车设备健康评价及多通道传输至决策层

该软件目前在施工工艺流程模拟人工操作，实现了一键排空、一键试压、一键压裂、一键待机和一键急停等联动功能，提高了压裂设备协同效率。且在多个技术领域提前布局，旨在解决现场设备类型多、有限传感与更多数据需求的平衡、故障预测识别困难，以及设备品牌多、协议不统一、难以统一控制等一系列问题（图 2-55）。

图 2-55　宝石专用车 eFracer® 易压裂协同控制系统软件现场应用

（5）三一能源装备有限公司。

智能决策系统整体架构以设备作为对象，利用网络系统实现与各个软件系统的数据读写，系统规划为智能运行控制系统、智能监测系统、全生命周期管理系统三个部分；控制系统即设备操作，包含一键配置、一键压裂、智能排量分配；监测系统判断施工情况，保障安全；全生命周期管理为设备控制提供健康度评价，保证设备调度合理性。

智能决策系统可实现全平台智慧压裂技术即一键施工技术，全平台设备根据各自的功能划分为控制部分和执行部分，控制部分是核心，数采和监控系统作为辅助，执行部分依据压裂施工泵注流程，通过控制部分自主决策、自主控制，完成压裂施工作业（图2-56）。

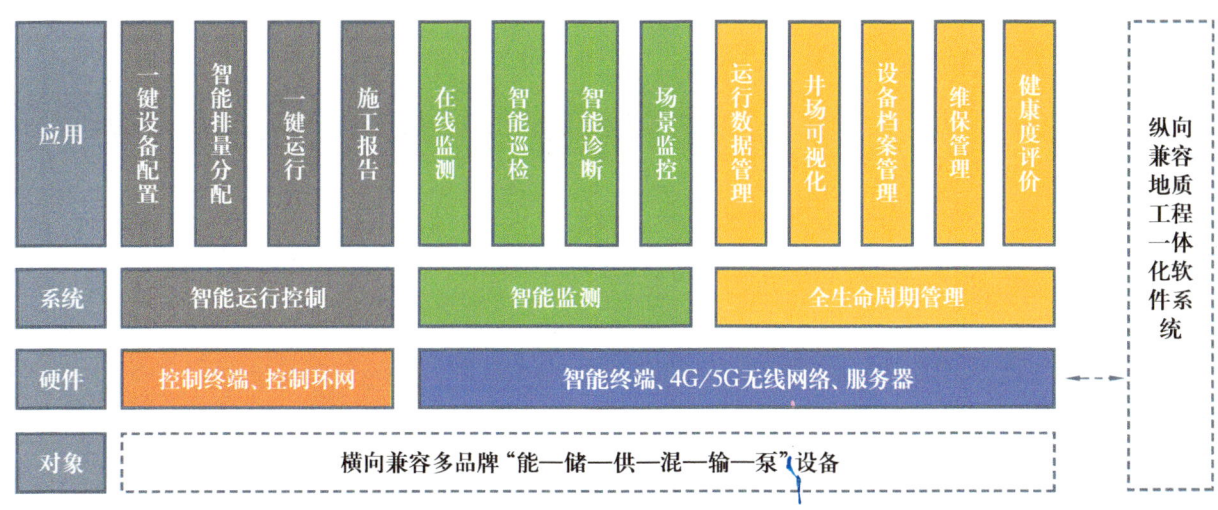

图2-56　三一能源智能决策系统

3）国内产品应用情况

压裂智能决策系统的应用是为了应对日益复杂的地下环境，通过引入先进的计算技术和数据分析手段，达到提高资源利用率、减少环境污染的目的。江汉油田在涪陵页岩气田采用了先进的电动压裂技术，其中包括智能决策系统的使用，成功实现了二氧化碳零排放的目标，同时提高了施工效率。长庆油田采用地质工程一体化智能决策系统进行开发与应用，系统集成多种数据源，提供从压裂参数优化及后续管理的全过程自动化支持。压裂智能决策系统的应用反映了油气行业对提高开采效率、降低风险和成本的持续追求。

3. 发展需求及建议

随着科技的发展、数字及物联网时代的到来，全面推动国内压裂装备的智能化升级改造，是智能化压裂系统的应用基础。第一，通过三维建模、数据互联互通和场景布置，生成虚拟的压裂作业井场，实现井场快速搭建；压裂作业井场数据实时显示、关键设备参数实时监控，为客户提供信息化决策等功能，体现设备作业的信息化和智能化。第二，基于AI算法的现场视频智能识别，实现井场环境、人员行为、生产作业等全方位24小时智能监管，做到安全风险主动识别并事前预警。第三，充分发挥多学科专家团队的作用，建立大数据库分析预警系统，形成故障预警、智能诊断、风险管控、维护保养等专家系统，为远程技术决策提供有力依据，利用人工智能实现智能化设计并预测压裂效果。

建议通过制定行业标准通信协议，实现行业通信标准化，成立行业联盟，解决行业难题和"卡脖子"技术；逐步加快压裂智能决策系统的试验性作业实践应用，促使国产化智能化压裂软件不断迭代升级；加快压裂井下智能感知系统、压裂智能化（自动化）操作应用系统及装备健康状态智能管理平台的研发，推进压裂大数据库与在线云平台的建设，实现更快速、更可靠的压裂决策。

第四节　管汇设备

一、车装管汇设备

1. 设备概述

车装管汇设备由底盘、高压管汇、低压管汇、吊机等装置组成，主要用于运输高低压管汇、试压设备等，是实现液体汇流、输送的专用作业设备。

2. 设备型号

车装管汇设备有车装式、半挂拖装式两种形式。其表示形式如下：

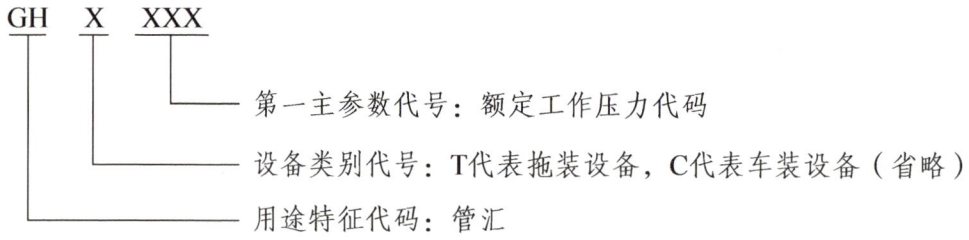

注：额定工作压力代码是设备额定工作压力向上圆整到0或5的圆整值。

示例：车装管汇设备额定工作压力138MPa，其型号为GH140。

3. 设备参数

车装管汇设备基本参数见表2-17。

表2-17　车装管汇设备基本参数

参数名称	参数值
额定工作压力/MPa（psi）	69.0（10000）、103.5（15000）、138（20000）、172.5（25000）
主通径/in（mm）	2（33/44.3）、3（76/69.7）、4（88.9）
侧通径/in（mm）	2（33/44.3）、3（76/69.7）
配用压裂设备数量/台	8~16

续表

参数名称	参数值
吊车起重力矩/(t·m)	≥21
高压管汇结构形式	歧管结构、法兰结构、T形三通结构、T形三通减振器结构
侧通道的阀门配置	旋塞阀、单向阀、闸板阀
低压主管规格/in	8、10、12
低压管汇结构形式	一字形、U形、工字形、双通道工字形、双通道T形
低压主管材料	20钢、304不锈钢
侧通道数量	10、12、16、18、20、22、24、26、28、30

4. 设备现状

1）国外设备现状

国外的压裂管汇设备在技术、设计和应用方面都处于领先地位，特别是美国、加拿大等页岩气和致密油资源丰富的国家。斯伦贝谢（Schlumberger）是全球领先的油田服务公司之一，提供多种高性能的压裂管汇设备和解决方案。哈里伯顿（Halliburton）压裂设备在全球范围内广泛应用。贝克休斯（Baker Hughes）提供包括压裂管汇在内的全套井下工具和服务。威德福（Weatherford）专注于油气田服务和技术，提供一系列创新的压裂管汇解决方案。

斯伦贝谢（Schlumberger）拖装管汇设备可连接10台压裂泵送设备（每侧5台），额定工作压力103.5MPa，最大流量12.7m³/min，低压管汇为两个独立的管线，配置控制系统，可远程开启和关闭阀门，使操作人员在泵送区外远程控制，内置智能系统，减少阀门误操作（图2-57）。

图2-57 斯伦贝谢（Schlumberger）拖装管汇设备

2)国内设备现状

国内车装管汇设备生产制造商主要包括中石化四机石油机械有限公司、烟台杰瑞石油装备技术有限公司等。

(1)中石化四机石油机械有限公司。

四机公司针对"常规压裂转场频繁"的问题,为方便吊运高低压管汇,开发研制了105MPa/140MPa型管汇车,并可根据用户需求设计高低压管汇橇和配置高低压管汇,高压管汇采用3in或4in主通径,可连接8～10台压裂泵送设备,低压管汇采用大通径直连结构,避免沉砂、减少摩阻。可选配直臂或折臂吊机、投球器等(图2-58)。

图 2-58 四机公司车装管汇设备

(2)烟台杰瑞石油装备技术有限公司。

烟台杰瑞不断提升压裂管汇设备的工作压力,实现了涵盖油气田作业领域(如钻井、固井、压裂、试油试采)的高压管汇产品(21～206MPa)全系列化设计与制造。管汇采用高强度合金钢(如P110、L80)和新型复合材料,提高设备的耐腐蚀性和使用寿命。引入先进的传感器、控制系统和数据分析软件,实现远程监控和自动化操作,提高作业效率和安全性(图2-59)。

图 2-59 烟台杰瑞压裂管汇车

3)国内产品应用情况

随着国内石油天然气的勘探和开发,以长庆油田、延长油田、吉林油田为代表的低渗透油田，压裂作业压力在 120MPa 以上。为适应工程需求，研发了压力等级为 103.5MPa、138MPa、172.5MPa 高压管汇，促使同类进口管汇的价格降低了 50% 左右，在满足使用性能的基础上，减少了油田设备的使用成本，从而更好地服务于油田的施工作业。设备具有高耐压性，能承压 172.5MPa（25000psi），高可靠性和安全性；易于检查和维护，减少停机时间，确保长时间连续运行；具有灵活性和可调性，可适应各种复杂的作业环境。

5. 发展需求及建议

为适应工况需求，压裂管汇设备的发展主要集中在技术创新、质量提升、成本控制、环保与可持续发展，以及市场拓展等方面。

高压耐久性：继续研发能够承受更高工作压力的材料和技术，以满足深井和超深井作业的需求。

新材料应用：开发更轻便、耐腐蚀、高强度的新材料，提高设备的可靠性和使用寿命。

自动化与智能化：进一步集成先进的传感器、控制系统和数据分析软件，实现远程监控和自动化操作，提高作业效率和安全性。

模块化设计：推广模块化设计，便于快速安装、拆卸和维护，提高作业灵活性。

二、管汇系统

1. 设备概述

管汇系统通常由高压管汇和低压管汇组成，是实现页岩油气大规模压裂的关键设备之一。其作用是给混砂设备提供低压流体，或将混砂设备内的低压压裂液汇集然后分配给多台压裂泵送设备，经压裂泵送设备增压后，汇集入井口。

低压管汇由低压直管、蝶阀、接头等组成，用于汇集低压压裂液，连接混砂设备的吸入和排出系统，向压裂泵送设备供液。

高压管汇由高压直管、接头、阀件等组成，用于汇集、输送高压压裂液。高压管汇的连接方式有活接头式和法兰式两种。活接头式连接管汇的通径有 2in、3in、4in 三种规格；法兰式连接管汇的通径常用的有 $5\frac{1}{8}$in、$7\frac{1}{16}$in 两种规格。法兰式连接管汇又统称为大通径管汇，根据安装位置可分为大通径高低压管汇、分流管汇、井口单通道压裂管汇、单管万向等。

大通径压裂管汇设备为压裂井的工厂化作业提供了全新的解决方案。与常规的活接头式管汇不同，采用直线型 $5\frac{1}{8}$in 或 $7\frac{1}{16}$in 通径的大通径作为主管汇，可以有效减少高压管线数量，降低动能损耗，减弱振动，并减少固液混合介质对流体通道设备造成的冲蚀影响。

通过模块化设计并使用法兰直管连接，使现场拆装更加高效，同时提升了作业过程中的安全性。利用分流管汇的启闭功能，可以实现多个井口之间连续进行压裂、泵注和投球等作业，从而实现多井口拉链式作业，提高了整体压裂作业效率（图 2-60）。

图 2-60　大通径管汇

2. 设备参数

管汇系统基本参数见表 2-18。

表 2-18　管汇系统基本参数

参数名称	参数值		
额定工作压力 /MPa（psi）	69（10000）、103.5（15000）、138（20000）、172.5（25000）		
接口形式	活接头式	法兰式（API）	特制法兰
	FIG206、FIG1502、FIG2002、FIG2502、Tr100×12	BX152、BX153、BX154、BX155、BX156、BX169	BX173、BX176
最大流速 /（m/s）	通径小于 $4\frac{1}{16}$in（103mm）	通径不小于 $4\frac{1}{16}$in（103mm）	
	12.2	18.3	

3. 设备现状

1）国外设备现状

国外压裂管汇系统生产制造公司有斯伦贝谢（Schlumberger）、哈里伯顿（Halliburton）、贝克休斯（Baker Hughes）、威德福（Weatherford）等全球领先的油田服务公司，可提供多种高性能的压裂管汇和解决方案，技术、设计和应用方面都处于领先水平。

Halliburton 高压管汇系统采用 105MPa 压力等级，具备 16m^3/min 的过流能力，流线型设计的管汇可连接多台压裂设备，消除 75% 的连接节点，减少了安装时间及复杂性，从而实现更高效、更安全的安装操作（图 2-61）。

图 2-61 哈里伯顿（Halliburton）管汇系统

斯伦贝谢（Schlumberger）管汇系统配置不同的控制阀门，最高工作压力 15000psi，标称孔尺寸 $7\frac{1}{16}$in、$5\frac{1}{8}$in、$4\frac{1}{16}$in，可连接多个井口，减少井口设备，提高同时完成作业的运营效率（图 2-62）。

图 2-62 斯伦贝谢（Schlumberger）管汇系统

2）国内设备现状

国内管汇系统生产制造商主要包括中石化四机石油机械有限公司、烟台杰瑞石油装备技术有限公司、三一能源装备有限公司等。

（1）中石化四机石油机械有限公司。

四机公司在 20 世纪 80 年代末引进 SPM、FMC 公司高压流体控制产品设计制造技术，经过三十多年的消化吸收和技术创新，已建立起了从设计、开发、制造到销售服务一整套完善的质量保证体系，形成了以金属和非金属材料选用、超高压结构、超高压密封、阀门远程控制、管汇安全检测及评估为主的核心技术，现已具备国内外领先水平的高压管汇研发和制造能力。先后开发了 35~172.5MPa 全系列高压管汇，产品覆盖钻井、固井、压裂、测试等工程领域，为油气勘探开发提供高压管汇一体化解决方案。

① 大通径高低压管汇。

大通径高低压管汇包括低压管汇、高压管汇及橇座三部分。四机公司已形成活接头式、法兰式全系列管汇，适应不同的作业工况。采用高压管汇全生命周期信息管理系统（PIM系统）针对油气开采中高压管汇从产品发运、入库、现场施工、检测、报废等全过程信息的专用型管理系统，将传统手工抄录施工参数的管理模式升级为设备扫描和自动记录，实现了高压管汇电子身份证、检测和使用寿命报警、需求报表及井场结构图自动生成等功能（表2-19、图2-63和图2-64）。

表2-19 四机公司压裂高低压管汇基本参数

高压部分		
主通径/in（mm）	3（69.7）、4（88.9）	$4\frac{1}{16}$（103）、$5\frac{1}{8}$（130）、$7\frac{1}{16}$（180）
高压管汇结构	活接头式双通道、活接头式三通道	法兰式双通道、法兰式单通道
侧通径/in（mm）	2（33/44.3）、3（76/69.7）、4（88.9）	
高压侧通道数量	6、8、10、12	
侧通道的阀门配置	旋塞阀、单向阀、闸板阀	
特殊要求	法兰环槽堆焊、弹簧减振	
低压部分		
主管规格/in	6、8、10、12	
主管材料	20钢、304不锈钢	
管汇结构	一字形、U形、工字形、双通道工字形、双通道T形	
侧通道数量	12、14、16、18、20、22、24、26、28、30	
接口形式	8in FIG206（$10\frac{7}{8}$in-3 Acme-2G）、4in FIG206（$6\frac{1}{8}$in-3 Stub Acme-2G） Tr260×12、Tr300×8、方牙158×20	

图2-63 四机公司压裂高低压管汇施工现场

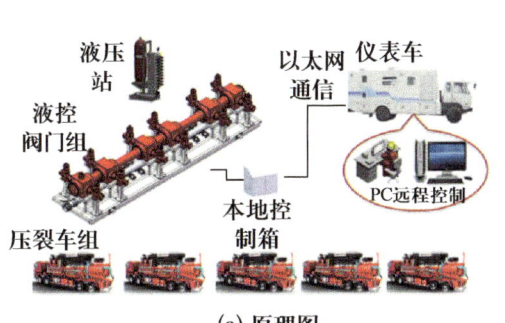 

(a) 原理图　　　　　　　(b) 实物图

图 2-64　远程群控高低压管汇系统原理图及实物图

② 单通道井口压裂管汇。

单通道井口压裂管汇由压裂安全阀、大通径管汇、压裂分流管汇三部分组成。井工厂压裂时，可将来自高低压组合管汇的高压流体集中分配，实现多口井交替施工，提高压裂施工效率。为避免施工人员进入高压区操作旋塞阀，消除人身伤害事故隐患，配置旋塞阀控制系统，用来实现高压旋塞阀的远程集中控制，旋塞阀组开关和压裂车启停互锁自动控制。控制系统带泵车保护功能，实现"先开阀后起泵、先停泵后关阀"的安全操作，保障施工安全。四机公司单通道井口压裂管汇结构多样，可根据用户要求定制，适用于不同井口分布（表 2-20 和表 2-21、图 2-65 和图 2-66）。

表 2-20　四机公司分流管汇主要技术参数

主通径 /in（mm）	$4\frac{1}{16}$（103）、$5\frac{1}{8}$（130）、$7\frac{1}{16}$（180）
管汇结构	一字形、U 形、H 形
闸板阀开关方式	手动、液动、电动
橇底座	高度可调、高度不可调

表 2-21　四机公司压裂头总成主要技术参数

主通径 /in（mm）	$3\frac{1}{16}$（78）、$4\frac{1}{16}$（103）、$5\frac{1}{8}$（130）、$7\frac{1}{16}$（180）
侧通径 /in（mm）	3（76/69.7）、4（88.9）
上法兰	栽丝、法兰盘
下法兰	栽丝、法兰盘
结构形式	羊角三通、鱼尾四通、六通、八通
特殊要求	防砂衬套

③ 高压管汇元件。

面向油气勘探开发管汇使用需求，开发了 1～4in、35～172.5MPa 全系列高压管汇元件，旋塞阀、活动弯头、单向阀、紧急泄荷阀等关键部件，拥有超高压结构、超高压密封等核心技术，满足钻井、固井、压裂、测试等工程施工需求。部件产品安全性、可靠性高，平均使用寿命超过600h；新型锥面低应力活接头结构，振动工况下寿命超过800h（表2-22至表2-26、图2-67和图2-68）。

图2-65　四机公司单通道井口压裂管汇应用

(a) 130型　　　　　　　　　　　　(b) 130/140型

图2-66　四机公司130型液动压裂分流管汇、130/140型压裂分流管汇

表2-22　旋塞阀技术参数

公称通径/in（mm）	2（33/44.3）、3（76/69.7）、4（88.9）、$3\frac{1}{16}$（78）、$4\frac{1}{16}$（103）、$5\frac{1}{8}$（130）
操作方式	旋塞帽、液动、蜗轮箱、电动、气动
性能等级	PR1、PR2

表2-23　单流阀技术参数

公称通径/in（mm）	2（33/44.3）、3（76/69.7）、4（88.9）、$2\frac{1}{16}$（52）、$2\frac{9}{16}$（65）、$3\frac{1}{16}$（78）、$4\frac{1}{16}$（103）、$5\frac{1}{8}$（130）、$7\frac{1}{16}$（180）
结构形式	上盖式（挡板式）、直线挡板式、飞镖式
性能等级	PR1、PR2
阀板密封形式	橡胶软密封、金属硬密封

表2-24 闸板阀技术参数

公称通径/in（mm）	$2\frac{1}{16}$（52）、$2\frac{9}{16}$（65）、$3\frac{1}{16}$（78）、$4\frac{1}{16}$（103）、$5\frac{1}{8}$（130）、$7\frac{1}{16}$（180）
性能等级	PR1、PR2
操作方式	手动、滚珠丝杠助力、齿轮箱助力、液动、电动、手动+液动、手动+电动
阀杆形式	明杆、暗杆、平衡尾杆

表2-25 活动弯头技术参数

公称通径/in（mm）	2（33/44.3）、3（76/69.7）、4（88.9）、$4\frac{1}{16}$（103）、$5\frac{1}{8}$（130）
结构形式	10型、20型、30型、50型、60型、80型、100型
端部连接形式	公母、双公、双母、双法兰

表2-26 活接头式整体接头技术参数

公称通径/in（mm）	2（33/44.3）、3（76/69.7）、4（88.9）
结构形式	T形、Y形、歧形、十字形、鱼尾四通、立体三通、立体四通、立体五通

图2-67 四机公司系列高压管汇元件

(a) 旋塞阀　　(b) 单向阀　　(c) 闸板阀　　(d) 节流阀

(e) 活动弯头　　(f) 整体直管　　(g) 整体接头　　(h) 活接头

图2-68 四机公司旋塞阀、单向阀、闸板阀、节流阀、活动弯头、整体直管、整体接头、活接头

（2）烟台杰瑞石油装备技术有限公司。

烟台杰瑞专注于高压管汇产品的基础技术、核心结构设计、过程控制及性能试验等关键开发技术和质控过程。实现了涵盖油气田作业领域（如钻井、固井、压裂、试油试采）的高压管汇产品（21～206MPa）全系列化设计与制造，拥有376项高压流体产品核心专利，并在超高压、耐冲蚀和长寿命产品技术领域取得突破，实现了行业领先。

①大通径高低压管汇。

烟台杰瑞大通径高低压管汇主要由高压管汇总成、低压管汇总成，以及底橇总成三部分组成。在智能化方面，通过搭建云平台，实现设备状态的数据采集与分析，使得用户可以随时掌握设备运行状况，并根据数据反馈进行相应调整。这种实时监控功能，不仅提高了维护工作的及时性，还有效降低了因设备故障导致停机时间所带来的经济损失（图2-69至图2-71）。

图2-69　烟台杰瑞的大通径高低压管汇橇

图2-70　烟台杰瑞的智能远控电动高低压管汇

图2-71　烟台杰瑞的成套大通径管汇助力页岩气井现场作业

② 单通道压裂井口管汇。

单通道压裂井口管汇包括单管万向装置、分流管汇，以及旋转法兰直管、多通（三通、四通）等，通过分流管汇上的压裂阀启闭，可以实现不同井口之间的拉链式作业。系列通径为 130mm 和 180mm，能够承受 103.5MPa、138MPa、172.5MPa 额定工作压力。管汇采用先进材料，以提升其耐腐蚀性和抗疲劳性能，从而确保在极端工况下也能稳定运行；同时采用系列可调节参数的配件，可以根据具体需求灵活配置管汇；引入智能远控监测技术，可以实时跟踪各项指标，如压力、振动和阀门状态等，可及时发现潜在问题并采取相应措施，提高安全性。

③ 高压管汇。

烟台杰瑞高压管汇包括旋塞阀、单流阀、安全阀、直管线、活动弯头和整体式接头等。

旋塞阀用于控制流体的开启与关闭，常见的材料包括不锈钢、碳钢，以及特种合金，旋塞阀具有良好的密封性能，可以防止介质泄漏，提高系统安全性（图 2-72）。

单流阀采用高强度材料制造，以承受不同介质所带来的压力和腐蚀；单流阀包括上盖板式、直线挡板式、飞镖式等形式，以适应特定应用场景（图 2-73）。

图 2-72 烟台杰瑞旋塞阀

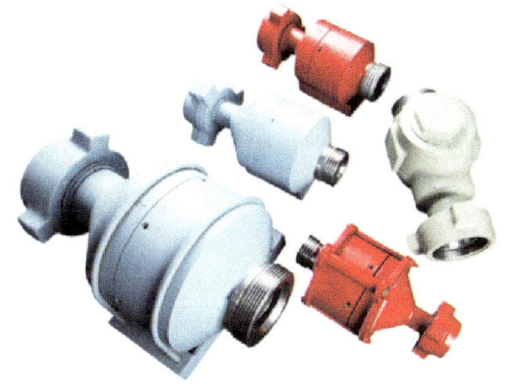

图 2-73 烟台杰瑞单流阀

安全阀是一种直接作用的自复位阀，主要为往复式柱塞泵、压力容器等设备提供超高压保护。该装置不仅具备快速响应能力，还能确保在多次操作过程中保持稳定性与可靠性；同时安全阀可引入智能监测功能，实时反馈系统状态，提高了整体运行效率（图 2-74）。

整体式直管线是两端带有活接头连接的直管，在承受高压时具有更好的稳定性和安全性。管线采用耐腐蚀、高强度的合金材料制造，适应复杂环境下的使用需求。同时模块化构造，使得运输与组装更加灵活（图 2-75）。

活动弯头能够灵活改变空间角度，支持管汇 360°旋转，在有限空间内进行连接，从而有效解决了狭小区域内管道布置的问题，提高了施工效率和系统运行的灵活性（图 2-76）。

图 2-74　烟台杰瑞安全阀

图 2-75　烟台杰瑞直管线

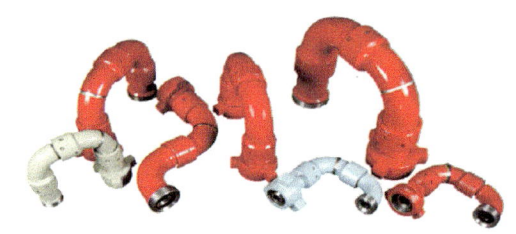

图 2-76　烟台杰瑞活动弯头

（3）四川宝石机械专用车有限公司。

① 大通径高低压管汇。

宝石专用车根据客户的不同需求开发了手动大通径高低压管汇、远控大通径高低压管汇、数智化大通径高低压管汇，产品尺寸为 $5\frac{1}{16}$in 和 $7\frac{1}{16}$in，产品压力为 103.5MPa 和 138MPa。

远控大通径高低压管汇由高低压分配橇和控制系统两大部分组成。高低压分配橇本体由高压管汇件、低压管汇件、液动执行器等组成。液动控制系统主要由本地控制柜、电磁阀箱、远程控制电脑等组成，本地控制柜为整个系统提供电信号和液压动力源，并可实现就地控制。远程控制电脑通过网线与本地控制柜连接，电脑软件界面能显示整体管汇布局结构和局部操作界面，并能动态显示阀门开关状态，便于操作人员观察并操作旋塞阀和闸阀的启闭。电磁阀箱安装在高低压分配橇上，通过电缆和液压管线与本地控制柜对接，同时与液动执行器对接，完成控制端与执行端的信号对接和动作执行（表 2-27 和图 2-77）。

表 2-27　宝石专用车大通径高低压管汇基本参数

参数名称		参数值
高压部分	压力 /MPa	103.5、138
	主通径 /in（mm）	$5\frac{1}{8}$（130）、$7\frac{1}{16}$（180）
	侧通径 /in	2、3、4
	高压侧通道数量	6、8、10
	侧通道的阀门配置	旋塞阀、单向阀、闸板阀
	连接形式	FIG1502、FIG2002、API 6A 法兰
低压部分	主管规格 /in	8、10
	侧管规格 /mm	114
	主管接口形式	8in FIG206、Tr260×12
	侧管接口形式	4in FIG206

图 2-77　宝石专用车大通径高低压管汇

② 大通径压裂井口管汇。

宝石专用车大通径压裂井口管汇由调整管组件、单管万向装置、分流管汇橇、连接管组件等模块组成。现场只进行模块间的对接，各模块之间都采用标准法兰连接，最后通过单管万向装置来完成最终安装。单管万向装置采用六个旋转法兰组成，6自由度移动实现空间位置的调整，完美解决了大通径压裂井口管汇无法对位的问题。

宝石专用车压裂井口管汇产品尺寸为130mm和180mm，产品压力为103.5MPa和138MPa，并引入智能远控监测技术，可监控阀门状态、压力、振动、螺栓松动等，可提前发现潜在问题，提高安全性。宝石专用车为全井场出具定制化方案，结合现场每口井的数据：四通高度，井间距，井口偏移量，构建三维现场模拟，提前规划现场安装方案，确立单管万向旋转角度和支撑角度，确保物料长度、数量满足现场作业需求（表2-28和图2-78）。

表 2-28　宝石专用车大通径压裂井口管汇基本参数

参数	数值
公称通径 /in	$5\frac{1}{8}$、$7\frac{1}{16}$
工作压力 /MPa	103.5～138
额定温度 /℃	−46～121（L、P、R、S、T、U）
接头形式	API 6A 法兰
适用工况	标准工况、H_2S 工况
符合标准	API 6A & NACE MR0175

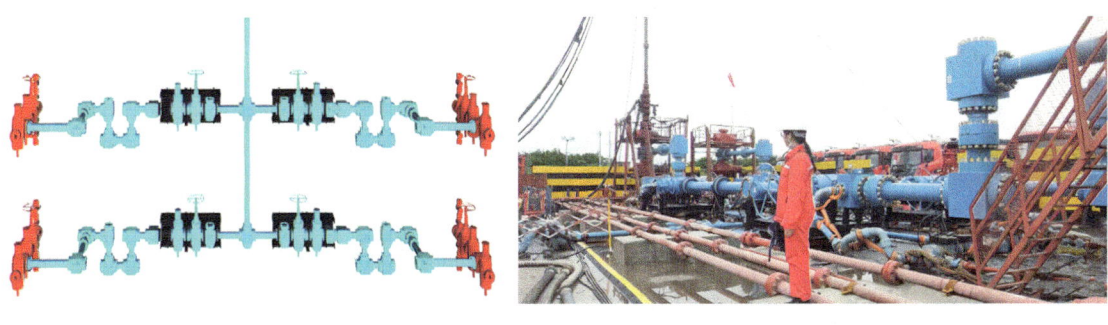

图 2-78　宝石专用车大通径井口管汇定制化解决方案现场应用

③ 高压管汇。

宝石专用车 103.5MPa 和 138MPa 系列的旋塞阀、安全阀、活动弯头等也已成熟应用于各大钻探项目，同时开发了大通径闸阀和单流阀，闸阀尺寸覆盖 $3\frac{1}{16}\sim 7\frac{1}{16}$ in，单流阀尺寸覆盖 $5\frac{1}{8}\sim 7\frac{1}{16}$ in。3in 172.5MPa 旋塞阀和活动弯头已通过厂内型式试验，正等待进行下一步的工业性试验。在材料机械性能、活接头结构、螺纹设计、密封技术等方面进行了升级改造，使其静水压强度达到 260MPa（表 2-29 和图 2-79）。

表 2-29 宝石专用车高压管汇基本参数

产品名称	旋塞阀、活动弯头	单向阀	安全阀	闸阀	单流阀
压力 /MPa	103.5、138、172.5	103.5、138	103.5、138	103.5、138	103.5、138
主通径 /in	2、3、4	2、3、4	2	$3\frac{1}{16}\sim 7\frac{1}{16}$	$5\frac{1}{8}\sim 7\frac{1}{16}$
额定温度 /℃	−46~121（L、P、R、S、T、U）				
规范级别	PSL3			PSL1~PSL4	PSL3
性能级别	PR1				
适用工况	标准工况、H_2S 工况				
符合标准	API 6A & NACE MR0175				

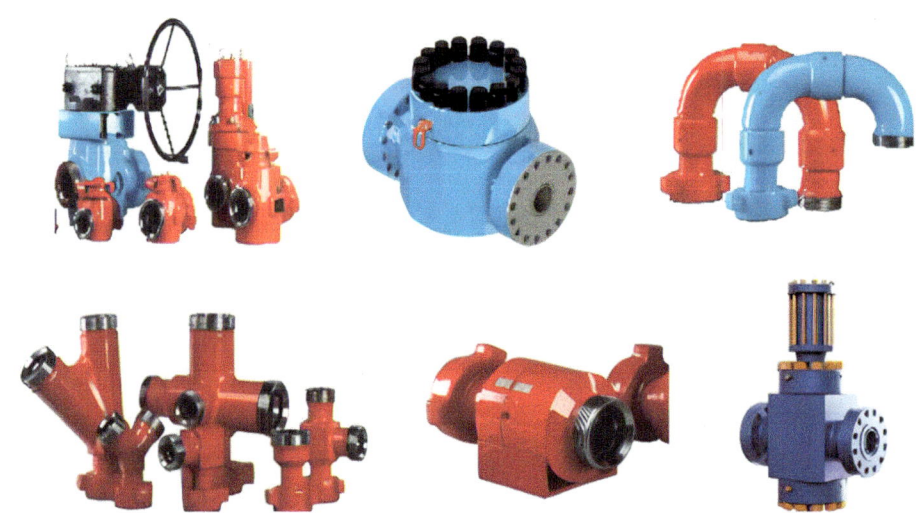

图 2-79 宝石专用车高压管汇产品

（4）三一能源装备有限公司。

三一能源已形成系列化的高低压管汇、分流管汇、井口连接管汇，应用于钻井、固井、压裂、测试等工程领域。

① 高低压管汇。

根据所连接压裂泵的数量，设计成分体橇，组合使用。根据现场施工压力、流量，选择管汇压力级别、主通径（表 2-30 和图 2-80）。

表 2-30　大通径管汇橇主要技术参数

参数名称	参数值
额定工作压力 /MPa	103.5～172.5
主通径 /in	$5\frac{1}{8}$～$7\frac{1}{16}$
旁通径 /in	3
材料级别	AA、BB、DD、EE
温度级别	K-U（-60～121℃）
规范级别	PSL3、PSL3G
性能级别	PR1、PR2F

② 分流管汇。

分流管汇常用于"井工厂"拉链式压裂作业模式，通过压裂阀的开关控制，实现流道的通断，能够灵活调节流体分配，将压裂液注入同平台不同压裂井口的井筒内。根据压裂井口的数量配置不同数量的分流管汇橇。每台分流管汇橇配备一台手动阀和一台液动阀，液动阀配备远程操控系统（表 2-31 和图 2-81）。

表 2-31　分流管汇橇主要技术参数

参数名称	参数值
额定工作压力 /MPa	103.5～172.5
通径 /in	$5\frac{1}{8}$～$7\frac{1}{16}$
材料级别	AA、BB、DD、EE
温度级别	K-U（-60～121℃）
规范级别	PSL3、PSL3G
性能级别	PR1、PR2F

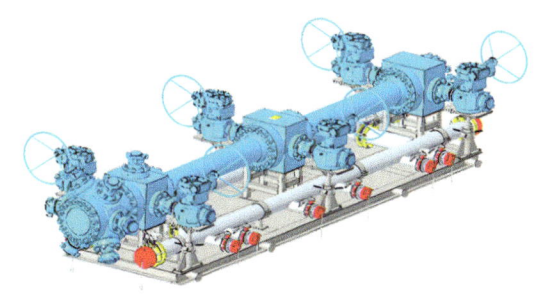

图 2-80　三一能源 6 口高低压管汇橇

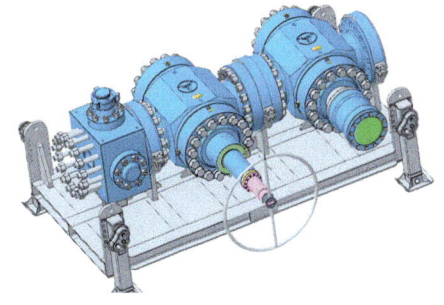

图 2-81　三一能源分流管汇橇

③ 井口连接管汇。

井口连接管汇用于连接分流管汇与井口之间的管汇。管汇采用独特的旋转机构，称为万向管汇，满足多维度调节连接位置，提高作业的效率和灵活性（表 2-32 和图 2-82）。

表 2-32　井口连接管汇主要技术参数

参数名称	参数值
额定工作压力 /MPa	103.5～172.5
通径 /in	$5\frac{1}{8}$～$7\frac{1}{16}$
材料级别	AA、BB、DD、EE
温度级别	K–U（-60～121℃）
规范级别	PSL3、PSL3G

3）国内产品应用情况

压裂管汇系统广泛应用于陆地、海洋钻修设备钻井液管汇配套、常规及非常规油气压裂、测试等。管汇系统的安全性与可靠性直接影响到压裂成套装备的安全运行效率。

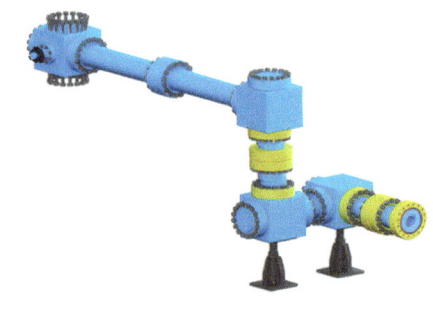

图 2-82　三一能源万向管汇

全系列化的高压流体控制元件，包含活动弯头、旋塞阀、直管、接头等，能满足超高压施工组合式需求，承压能力高，可靠性高，可为超高压施工提供安全保障；模块式结构或车装式结构，能够满足多种施工环境下的使用要求。大通径管汇系统的应用减少了现场 75% 的活接头连接，降低管汇综合成本 20%，减少施工人员 30%；管汇远程群控系统的"一键化操作"，实现本地控制和远程集中控制，安全性高；在智能化方面，实时进行设备数据采集与分析，提高了维护工作的及时性，有效降低了因设备故障导致停机时间所带来的经济损失。

4. 发展需求及建议

随着压裂装备的技术发展和现场提速提效的要求，管汇系统向着大通径、模块化、自动化等方向发展。

（1）大通径。随着压裂规模施工越来越大，活接头管汇通径小、流量低，需要串联更多的管线，造成工作强度大，作业效率低；大通径高压管汇采用法兰连接，流量是活接头管汇流量的 3～4 倍，可减少管汇连接数量，降低工人工作量；同时减少管汇磨损，提高使用寿命。大通径管汇需要进行大通径直管、弯管、阀门、快连井口装置等部件研发，组装后形成系统管汇。

（2）模块化。高压管汇模块化设计，对接都采用标准法兰，降低安全风险和工人劳动强度，提高产品的通用性。

（3）自动化。井场智能化和无人化的发展趋势日益明显，作业工况愈发恶劣，例如高温、高压，以及腐蚀性环境等，为了确保设备能够稳定、高效地作业，实时监控管汇，实现故障预警，提高管汇系统的安全性与效率也是未来的发展趋势。

三、柔性压裂管汇

1. 设备概述

柔性压裂管汇包括柔性管体及端部接头两部分,通常由骨架层、内衬层、抗压铠装层、抗拉铠装层、耐磨层、外保护层等多层结构组成。柔性压裂管汇与压裂装备和大通径管汇配套使用,将高压力、大流量的携砂液输送至井口,是压裂施工过程中的关键部件。软管由端部增强的高压活接头和内部多层材料组合形成的管体通过双层套筒机械扣压而成,具有稳定的防脱性和密封性,管体内衬高分子聚合物,耐磨、耐酸碱腐蚀、耐高流速压裂砂冲刷。

2. 设备参数

设备参数主要体现设备的主通径规格及压力等级,基本参数见表 2-33。

表 2-33 柔性压裂管汇基本参数

参数名称	参数值
主通径规格 /in(mm)	2(51)~$7\frac{1}{16}$(180)
压力等级 /MPa	103.5、138
结构形式	扣压式接头、整体硫化接头
端部连接形式	公母、双公、双母、双法兰
外防护	螺旋护套、铠装不锈钢

3. 设备现状介绍

1)国外设备现状

柔性压裂管汇自 2018 年起在国外开始应用,具有安装方便、简化管汇连接、减振等优点,国外柔性压裂管汇生产制造商主要包括 ContiTech 公司、TechnipFMC 公司等。

(1)ContiTech 公司,也叫马牌公司。ContiTech 公司是一家具有 50 年历史的知名企业,生产的高性能软管满足 API 7K、16C、17K 标准要求,其核心技术是高性能材料技术。该公司开发的高压柔性软管规格覆盖 2~6in、压力等级 15000psi;2in、3in 软管的最大长度为 60.96m,5~6in 软管的最大长度为 30m;2in 通径 20000psi 的软管,用于节流压井管汇。

该公司压裂软管结构型式为 "Monoflex",内孔表面为橡胶合成材料,中间层为多层缠绕的钢丝绳,表层为耐磨橡胶,两端为铠装钢制接头(图 2-83)。

(2)TechnipFMC 公司,是 FMC 收购的全资子公司(原法国工厂)。该公司软管制造始于 1974 年,目前在全球有三家工厂,分别位于美国休斯敦、法国 Le Trait、马来西亚 Tanjung Langsat。其压裂软管技术处于世界领先地位,产品规格 1.5~22in,最高设计压力

20000psi，温度范围 −50～130℃，适用最大水深 3000m。TechnipFMC 压裂软管结构型式为"Coflexip"，内孔表面为不锈钢复合材料，中间层为多层缠绕的钢带，表层为耐磨塑料，两端为铠装钢制接头（图 2-84）。这种结构的软管使用寿命会更长，但价格为前者的 3 倍以上。

图 2-83　ContiTech 公司柔性压裂管汇

Cameron、Forum、Nov 等公司推出的压裂软管基本是由代工厂生产。如 Nov 公司的 FlexConnect 压裂软管由烟台泰悦生产（图 2-85）。

图 2-84　TechnipFMC 公司柔性压裂管汇　　　　图 2-85　Nov 公司 FlexConnect 压裂软管

2）国内设备现状

国内柔性压裂管汇生产制造商主要包括中石化四机石油机械有限公司、烟台杰瑞石油装备技术有限公司、四川宝石机械专用车有限公司、烟台泰悦流体科技有限公司、漯河利通液压科技股份有限公司等。

（1）中石化四机石油机械有限公司。

四机公司开展压裂高压软管技术研究，采用耐高压、耐冲蚀多层材料组合管体结构和软管接头机械式扣压技术方案，形成了 3in 138MPa 柔性压裂管汇（图 2-86）。

图 2-86　四机公司柔性压裂管汇结构

（2）烟台杰瑞石油装备技术有限公司。

该软管采用先进材料制造，具备优异的抗腐蚀能力，能承受极端温度变化，且重量轻、易于搬运和安装，可快速部署到不同类型的工作场所，大大缩短了准备时间（图 2-87）。

图 2-87　烟台杰瑞柔性压裂管汇连接的高低压管汇

（3）四川宝石机械专用车有限公司。

宝石专用车经过多年深入研究和技术创新，成功将柔性管线技术应用于压裂施工中，是国内首家在该领域实现技术突破的企业。自 2021 年起，柔性压裂管汇已在西部钻探、渤海钻探、川庆钻探、中国石化及民营企业推广应用 300 多套，施工工艺包含压裂、酸化、CO_2 前置压裂等多种形式。

3in 柔性压裂管线最大施工排量 $2m^3/min$，$5\frac{1}{8}$in 柔性压裂管线最大施工排量 $20m^3/min$，最高施工砂比 40%，103.5MPa 柔性压裂管线最高施工压力 90MPa，138MPa 柔性压裂管线最高施工压力 123MPa，3in 单根管线累计工作时长 2250h，$5\frac{1}{8}$in 单根管线累计工作时长 1810h。宝石专用车提供定制化柔性压裂管汇全井场解决方案，降低了井场开发成本（表 2-34 和图 2-88）。

表 2-34　宝石专用车柔性压裂管汇主要技术参数

参数	数值
公称通径 /in	2、3、4、$5\frac{1}{8}$、$7\frac{1}{16}$
工作压力 /MPa	103.5～138
额定温度 /℃	-46～121（L、P、R、S、T、U）
接头形式	活接头、法兰、卡箍
适用工况	标准工况、H_2S 工况
符合标准	API 6A & NACE MR0175

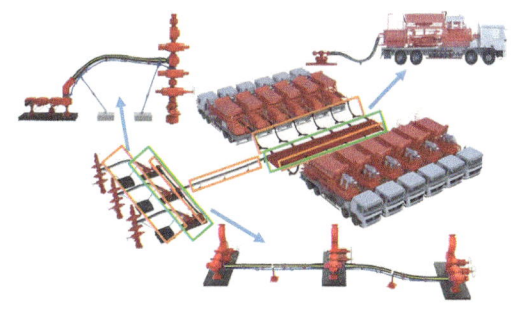 

图 2-88　宝石专用车柔性压裂管汇全井场解决方案

（4）烟台泰悦流体科技有限公司。

该公司生产制造高压软管有二十多年历史，是中国业内最具技术实力的柔性软管制造商之一，系列管汇软管内径 $2\sim5\frac{1}{2}$in，工作压力 138MPa、172.5MPa，包括压裂、钻井、节流压井、井控、采油、生产、水下控制、海工装备等各种油田开采生产用途的柔性压裂管汇，管汇采用黑色高分子合成橡胶作为耐磨耐酸内衬层，以高强度钢丝绳作为承压骨架材料，端部连接形式为法兰、锤击活接头、API 16A HUB、Grayloc Hub 等，可输送压裂液、压裂砂、盐酸、液态二氧化碳等介质，温度范围 $-30\sim100$℃（图2-89）。

图 2-89　烟台泰悦柔性压裂管汇现场应用

（5）漯河利通液压科技股份有限公司。

该公司具有 21 年橡胶软管与流体连接件领域制造经验，生产的柔性压裂管汇适应酸化压裂、加砂压裂、水力压裂，高压下输送水基、油基、泡沫、酸基等压裂液。系列管汇软管内径 $2\sim6$in，工作压力 138MPa、172.5MPa，最长单根长度 92m。

3）国内产品应用情况

柔性压裂管汇因其特殊结构及优异性能，在石油天然气行业广泛使用。自 2021 年下半年开始，2in、3in 及 $5\frac{1}{8}$in 规格 103.5MPa 的压裂软管共计 300 余条在中国石油大港油田、大庆油田、长庆油田、玛湖油田应用。

柔性压裂管汇单管线两点连接，可减少阀件数量及 70% 连接点，简化压裂管线布局，降低管汇运营成本，规避潜在泄漏风险；管汇重量轻，管线装配和拆卸难度小，减轻劳动强度，提高作业效率；柔性管体减小安装预应力，吸收振动，减少疲劳损耗，提高使用寿命；流线型管线布局，减小流体转向频率、流体摩阻，提高管汇系统排量和压力稳定性。

柔性压裂管汇可用于压裂、酸化、CO_2 压裂等多种压裂工艺（图2-90）。

4. 发展需求及建议

柔性压裂管汇特性与其结构特性密切相关，应根据实际使用功能需求，经济合理地设计选用高压软管各功能层，避免冗余设计；预防内衬层与外保护层的失效是柔性压裂管汇安全应用研发的重点；建议柔性压裂管汇研发从几个关键点进行突破：新材料研发、软管功能集成、开发环空层集聚气体渗透量预测技术、软管服役期完整性管理技术。

图 2-90　柔性压裂管汇现场应用

第三章
压裂成套装备配套设备

压裂成套装备配套设备包括压裂泵、混配设备、储供砂设备、液氮泵注设备、二氧化碳增压设备、供液/供酸设备、配酸设备、添加剂设备、储液罐、钻塞泵注设备、储能设备、燃气发电设备等，可以完成压裂施工中的支撑剂、添加剂与工作液的混合、储能及发电等工作。

本章主要介绍压裂成套装备配套设备的设备概述、设备型号、设备参数、国内外设备现状、发展需求及建议等内容。

第一节 压 裂 泵

一、设备概述

压裂泵是一种往复式柱塞泵，由动力端和液力端组成，动力端将原动机的旋转运动经过减速机构减速后通过曲轴、连杆和十字头转换成柱塞的往复运动，从而将原动机的机械能传递给液力端；液力端通过柱塞的往复运动，吸入低压液体并排出高压液体，从而将原动机的机械能转换为液体压力能。动力端一般由泵壳、减速机构、曲轴、连杆和十字头等主要零部件组成，液力端一般由泵头体（阀箱）、柱塞及其密封总成、吸入和排出盖总成、吸入和排出泵阀零件等组成。

压裂泵按照缸数可分为三缸柱塞泵、五缸柱塞泵、七缸柱塞泵，常见卧式泵，可通过发动机或电动机驱动，布置在底盘车或橇上，形成车装或橇装等压裂设备。

二、设备型号

压裂泵的设备表示方法应符合 SY/T 7015—2020《石油天然气钻采设备 固井压裂柱塞泵》中的规定，设备表示方法如下：

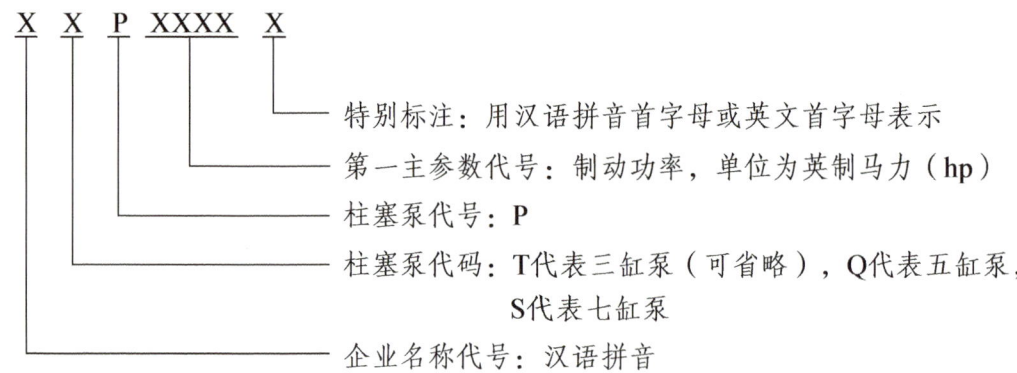

示例：四机公司生产的制动功率为2800hp的五缸柱塞泵，型号为SQP2800。

三、设备现状

1. 国外设备现状

国外拥有压裂泵研发制造能力的企业有美国的SPM、Gardner Denver（简称GD）、FMC、Halliburton、OFM等公司，各家公司的柱塞泵系列齐全，主流压裂泵功率为2000～5000hp，可根据用户的不同需求选择最佳参数组合的柱塞泵，形成大功率压裂泵装置，满足大排量、高压力和多种介质的工艺需求。其中Halliburton、Schlumberger的压裂泵基本不对外销售，SPM和Gardner Denver成为全球最主要的独立压裂泵供应商，FMC的规模相对较小。

1）SPM公司

SPM公司生产的压裂泵，功率从250hp到5000hp，最高压力从116MPa到160MPa，包含TWS250/TWS900/TWS2500、QWS2500/QWS2800/QWS3500、QEM2500/QEM3000/QEM5000等型号，市场份额约50%。

TWS2500三缸柱塞泵液力端采用"Duralast"专利技术，从补强十字相贯孔、新的阀座角度、液缸材质三个方面强化液力端，提高液力端寿命1倍。曲轴平衡减少整泵振动约30%，提高了泵的可靠性和寿命。采用可拆卸的密封填料压盖，同一液缸可适应两种规格的柱塞。

QWS2800五缸柱塞泵机架为分体式结构，曲轴腔与十字头腔相互独立，使用穿过整个泵的螺栓将液力端固定在泵上，消除了常规支杆的问题，减少动力端结构失效风险。行星减速箱箱体采用高强度铸造铝合金，平行级采用螺旋形轮齿，采用感应淬火硬化齿面。液缸经自增强工艺的、高强度锻造合金钢精加工而成。采用柱塞密封填料自调节式密封填料结构、精密磨具制造的高强度V形压力环，精加工青铜制适配环支撑（图3-1）。

(a) TWS2500型　　　　　　　　(b) QWS2800型

图 3-1　SPM 公司 TWS2500 三缸、QWS2800 五缸柱塞泵

QEM5000 五缸柱塞泵刚性结构的泵架稳定性更好，增加泵的寿命，降低使用维护成本。采用双润滑系统，为整泵每一个润滑点提供合理的润滑油压力和流量，在冷启动时也能提供卓越的流动性能。自带的滤油器减少润滑油污染，延长使用寿命。应用行业最大的压裂泵轴承，将冲击载荷的影响降到最低，增加泵零部件的寿命。输入轴采用逆时针旋转，可采用电机驱动或涡轮机驱动。柱塞泵、减速箱、发动机等寿命设计，减少停机维修时间（图 3-2）。

2）Gardner Denver 公司

Gardner Denver 公司陆续推出标准系列 GD250/GD600/GD1000Q/GD1250LW/GD2500Q/GD2800Q/GD3000 和雷电系列 Thunder2550/Thunder3000/Thunder5000 等型号规格的产品，市场份额约 30%。

Thunder3000/Thunder5000 泵可采用燃气发动机、电动机、柴油机、涡轮发动机驱动。用柴油机、双燃料发动机驱动时可达到 3000hp；用电动机、涡轮发动机时可达到 5000hp。动力端维护可以与发动机和变速箱保持同步，优化曲轴设计，使振动最小化。十字头由球墨铸铁制成，并有"Thunder 涂层"，该涂层是一种干膜润滑剂，可减少擦伤、摩擦和黏合磨损，具有耐化学性，提供腐蚀保护，与基板之间采用黏接防止滑动和剥落。液力端采用 Falcon 专利技术和现代贯通螺柱设计，消除了过大应力。特制 HYTORC 螺母用于提供快速可靠的紧固。旋入式 Falcon 风格吸入弹簧保持器，简化了阀体和弹簧座的维护。要拆除柱塞，无需拆除吸入阀，安装盖时不用对齐导向器或销（图 3-3）。

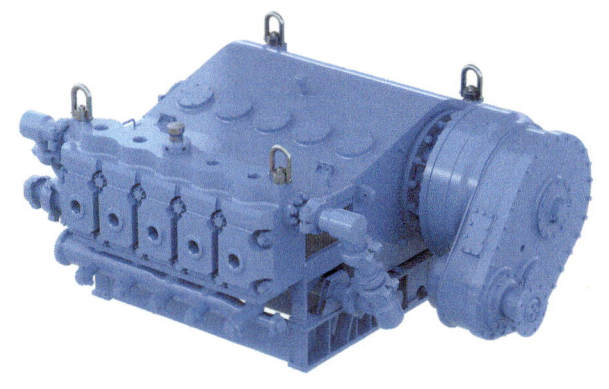 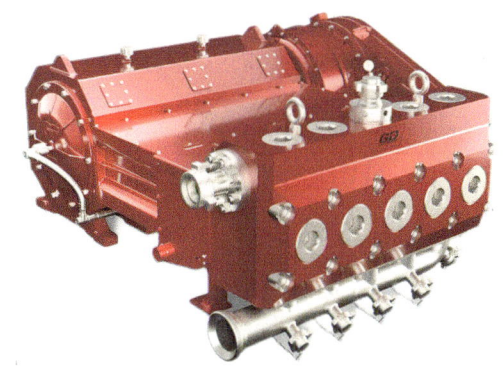

图 3-2　SPM 公司 QEM5000 五缸柱塞泵　　　图 3-3　Thunder3000、Thunder5000 系列五缸柱塞泵

3）FMC 公司

FMC 公司积累了大量往复泵研发经验，在大功率压裂泵方面，其代表产品有 WT2400、WQ2700、WQ3000 和 WQ4500 等（图 3-4）。

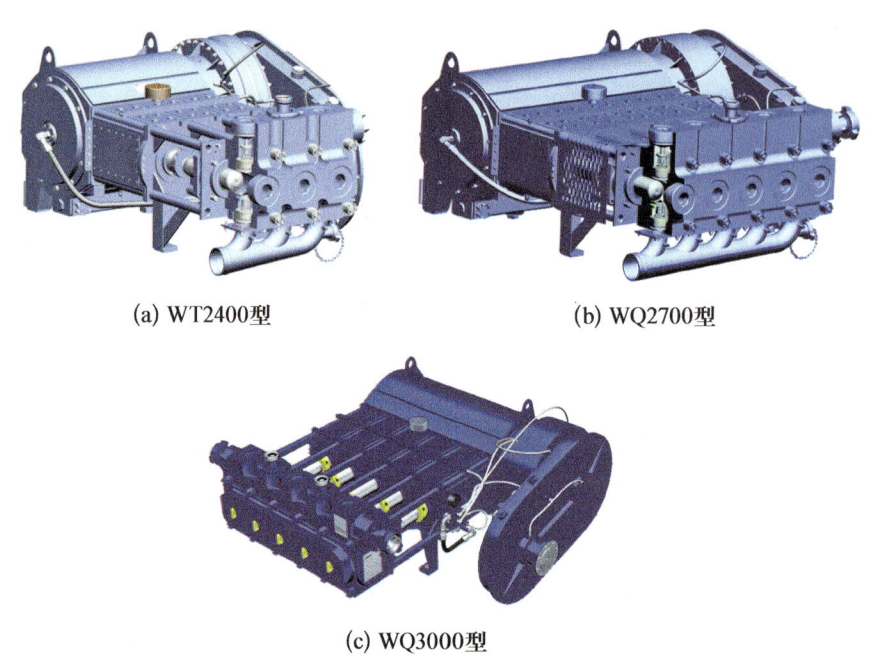

(a) WT2400型　　(b) WQ2700型

(c) WQ3000型

图 3-4　FMC 公司 WT2400 三缸、WQ2700 五缸、WQ3000 五缸柱塞泵

压裂泵机架为分体式结构，曲轴腔与十字头腔相互独立。使用穿过整个泵的螺栓将液力端固定在泵上，螺母采用特殊结构，消除了常规支杆的问题，减少动力端结构失效风险。连杆十字头之间采用关节连接专利技术，使承载区域最大化，满足在高负荷工况下连续运转的需求。采用改进型阀总成和吸入阀保持器专利技术，延长液力端寿命。采用独立的填料盒，吸入压盖采用特殊的锁紧结构。

国外各公司压裂泵基本参数对比见表 3-1。

表 3-1　国外压裂泵基本参数对比

压裂泵厂家	SPM	GD	OFM	FMC
型号	QWS2800	GD3000	2800Q	WQ2700
柱塞直径 /in（mm）	3.75（95.25）	4.5（114）	3.75（95.25）	4（101.6）
柱塞数量	5	3	5	5
最大工作压力 /MPa（psi）	138（20000）	138（20000）	138（20000）	138（20000）
质量 /kg	9065	8368	9500	8325
冲程 /in（mm）	10（254）	11（279）	8（203.2）	10（254）
传动比	6.933∶1	7.8∶1	6.933∶1	6.95∶1
外形尺寸 /mm	2336.8×3048×1016	2467.6×2419×1146	2317×2313×1205	2428×2345×1143

2. 国内设备现状

国内压裂柱塞泵早期以进口为主，经过四十多年的发展，压裂泵研制技术已达到国际同等水平。国内柱塞泵生产厂家众多，主要有中石化四机石油机械有限公司、烟台杰瑞石油装备技术有限公司、四川宏华电气有限责任公司、四川宝石机械专用车有限公司、三一能源装备有限公司等十几家企业。

1）中石化四机石油机械有限公司

四机公司从20世纪80年代开始研发压裂装备，自主研发20多个型号泵产品，可组合成不同配置的成套压裂机组。拥有功率1000~8000hp、压力35~172.5MPa的全系列三缸、五缸、七缸压裂泵产品，领先的设计、制造和试验能力，确保产品性能安全可靠，适应车装/橇装/拖装、柴驱/电动等多种安装方式，第二代不锈钢泵头体及液力端易损件，平均寿命提升3倍以上，轴承、轴瓦、油封等零部件全面国产化，配套成熟，运维成本低（表3-2和图3-5）。

表3-2 四机公司压裂泵基本参数

产品型号	压力/MPa	冲程/in	连杆负荷/kN	应用领域
STP1000	80	8	592	常规压裂
STP1500	110	8	855	常规压裂
STP1800	123	8	1000	常规压裂
STP2250	123	8	1000	常规压裂
SQP2500	120	8	855	常规压裂
SQP2800	175	8	1000	高压大排量压裂
STP3300	175	11	1555	高压大排量压裂
SQP3300	140	11	1000	高压大排量压裂
SQP5500	175	11	1555	高压大排量压裂
SCF5000	175	11	1555	高压大排量压裂
SCF7000	175	11	1840	高压大排量压裂
SCF8000	175	11	1555	高压大排量压裂

2）烟台杰瑞石油装备技术有限公司

烟台杰瑞压裂泵产品系列涵盖了功率1000hp到8000hp全系列柱塞泵，结合车装压裂设备的发展需要，烟台杰瑞先后开发了柴驱压裂设备的2500hp、2800hp、3500hp泵。自2018年开始陆续开发出了5000hp、7000hp及8000hp泵，满足国内页岩气开发高压力、大排量的作业需求。2019年开始烟台杰瑞多套5000型涡轮压裂设备和7000型电动压裂设备销售到北美，满足了北美每月 500h 以上的压裂作业效率需求，为北美页岩气开发提供了新的解决方案（表 3-3 和图 3-6）。

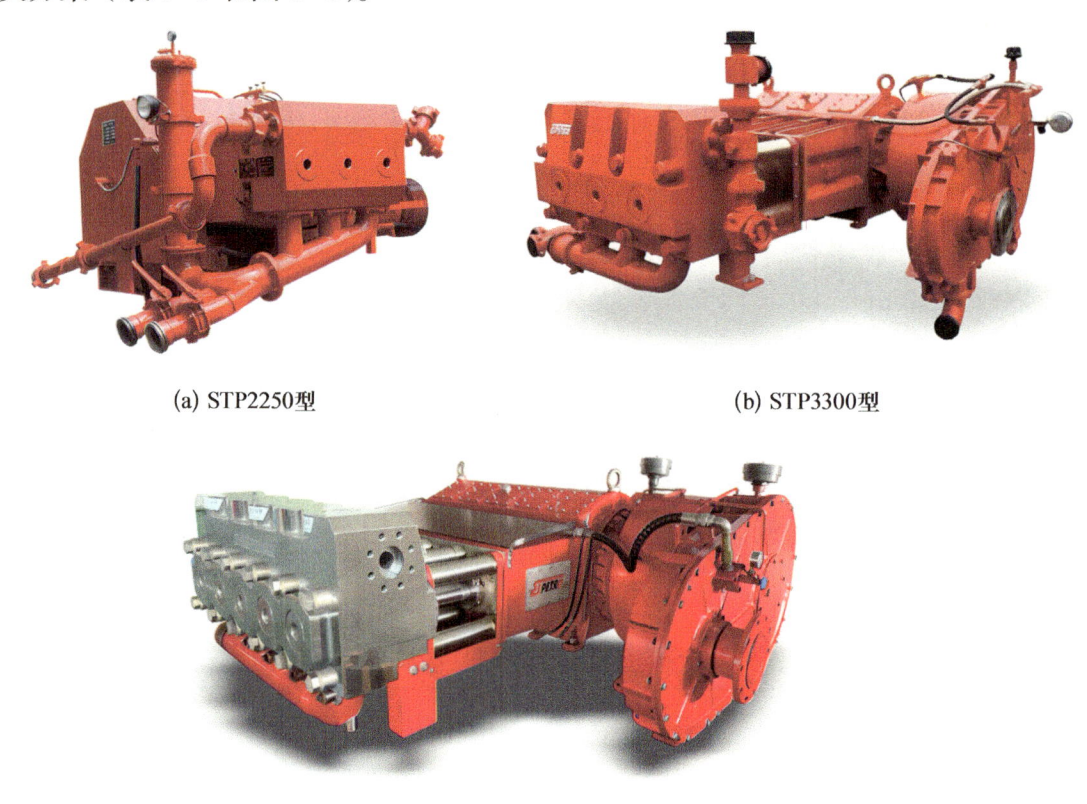

(a) STP2250型

(b) STP3300型

(c) SCF5000型

图 3-5　四机公司 STP2250 型、STP3300 型、SCF5000 型系列压裂泵

表 3-3　烟台杰瑞压裂泵技术参数

产品型号	输入功率 /hp	最大工作压力 /MPa	冲程 /in	连杆负荷 /kN
JR2500Q	2500	140	8	855
JR2800Q	2800	175	8	1020
JR5000QPE	5000	175	10	1415
JR7000QPE	7000	175	11	1415
JR8000QPE	8000	175	11	1747

图 3-6　烟台杰瑞压裂泵及柴驱压裂设备作业

3)四川宏华电气有限责任公司

四川宏华形成了 HH3000 型、HH6000 型、HH6000S 型、HH6000R 型系列产品,具有电机直驱传动、大排量、高效率等特点。

4)四川宝石机械专用车有限公司

宝石专用车研制了 QPI-2500/QPI-2500A/QPI-2800A/QPI-3300/QPI-3500/QPI-5000/QPI-6000/QPI-7000/QPI-8000 等 9 种五缸柱塞泵,输入功率在 2500~8000hp 之间,最高压力达到 138MPa。采用"长冲程、低冲数"设计理念,确保获得良好的性能参数、结构参数和整机可靠性指标。大修周期长,将轴承和齿轮设计寿命(满功率)分别提高至 3000h 和 20000h。机架强度高,低合金高强度结构钢焊接机架结构,攻克页岩气压裂过程中机架频繁开裂等顽固性问题。阀箱寿命长,实施结构、材料化学成分、冶炼工艺和机加工工艺等全方位关键技术攻关措施,实现长寿命阀箱设计制造(图 3-7)。

(a) QPI-2500A 型

(b) QPI-5000 型

(c) QPI-7000 型

图 3-7　宝石专用车 QPI-2500A、QPI-5000、QPI-7000 五缸柱塞泵

5)三一能源装备有限公司

三一能源拥有 600~8000hp 系列柱塞泵,积累十余年压裂泵研发制造和服务经验。分布式压裂泵是三一能源独有的产品,采用分布式动力替代单一动力,液压传动替代机械传动,已成功研发出 600~2500hp 全系列压裂泵,市场应用良好。分布式液压泵和分布式电驱泵可实现全排量范围内可调,适用于煤层气开采压裂、油田增产压裂、注水、配合连续油管施工等作业工况,尤其适合排量精准控制的作业工况(图 3-8)。

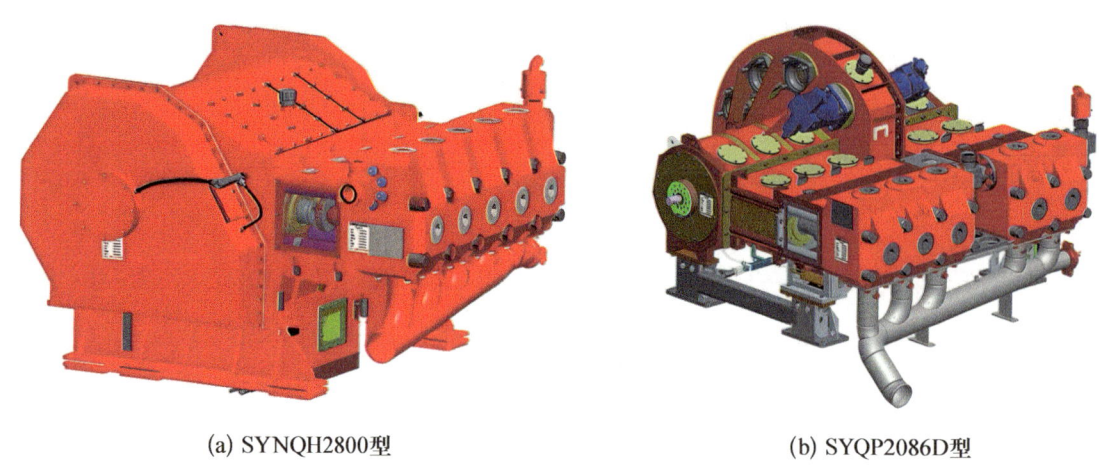

(a) SYNQH2800型　　　　　　　　(b) SYQP2086D型

图 3-8　三一能源 SYNQH2800、SYQP2086D 压裂泵

3. 国内产品应用情况

随着技术的发展和研发能力的提高，国内压裂泵已基本采用国产设备。针对国内页岩气工况的发展需求，国内各厂商均推出了 5000hp 及以上大功率压裂泵，满足国内页岩油气的开发需求。但在面临高压力的页岩气工况的连续作业工况时，压裂泵在连续输出能力、可靠性及易损件寿命上，还有待提高。

四、发展需求及建议

随着页岩油气资源的开发向深层发展，钻井深度和水平段长度显著增加，"超高压、大功率、集群化"作业对压裂装备能力和使用寿命提出更高要求。基于压裂工程行业发展需求，压裂泵的整体性能朝着单机大功率、超长冲程超低冲次、长时间连续作业方向发展。其次，随着压裂泵缸数的增多，泵的流量不均匀度越来越小，可有效地减小整机振动带来的噪声、共振，同时减缓零部件在持久脉动载荷下的疲劳破损和断裂，因此更多缸数的压裂泵会逐渐应用于油气压裂。

第二节　混配设备

一、设备概述

混配设备作为压裂作业中的基本设备之一，其作用是在压裂施工中按一定的比例混配瓜尔胶粉和水，并把这些不同配比、不同黏度的压裂液供给混砂装备，独立完成压裂液连续混配和添加液体添加剂。

混配设备由承载底盘或橇架和上装部分两部分组成，承载底盘或橇架用于承载上装部分或道路行驶；上装部分由动力系统、液压系统、混合系统、搅拌系统、液添系统、粉料计量输送系统、自动控制系统等组成（图3-9）。

1—底盘车；2—液压系统；3—动力系统；4—搅拌系统；5—控制系统；
6—粉料计量输送系统；7—液添系统；8—管汇系统。

图3-9 车装柴驱混配设备

混配设备工作时，粉料经粉料计量系统供给恒压混合器，给料量通过螺旋输送机的转速调整，螺旋输送机的下料量受计算机控制；清水泵从外部吸取清水，经流量计计量后，进入恒压混合器与粉料进行混合；计算机根据设定的流量对清水泵流量进行调整，粉料量则根据水量的变化，相应地调整螺旋输送机的转速，维持设定的配比。混配设备的额定排量可达20m^3/min，可满足大、中型压裂作业要求。

二、设备型号

混配设备有车装式、半挂拖装式及橇装式三种形式。

四机赛瓦混配设备表示方法如下：

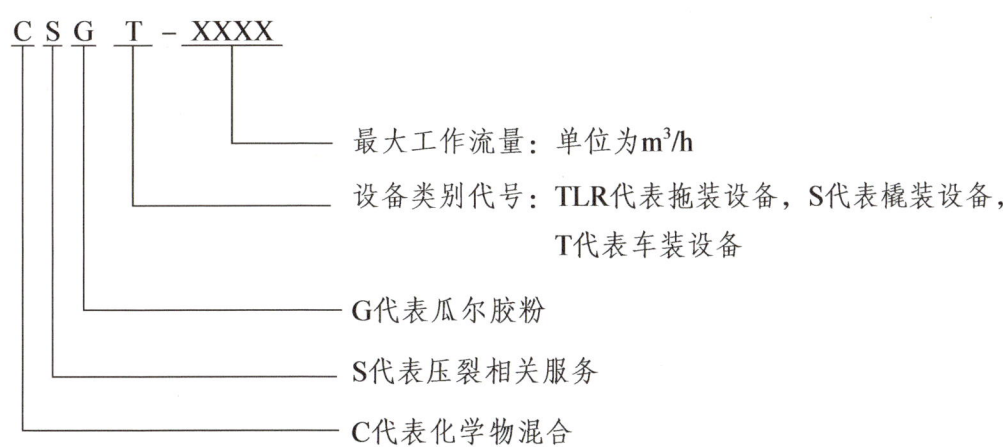

示例：四机赛瓦生产的混配车，最大工作流量480m³/h，其型号为CSGT-480。

烟台杰瑞混配设备表示方法如下：

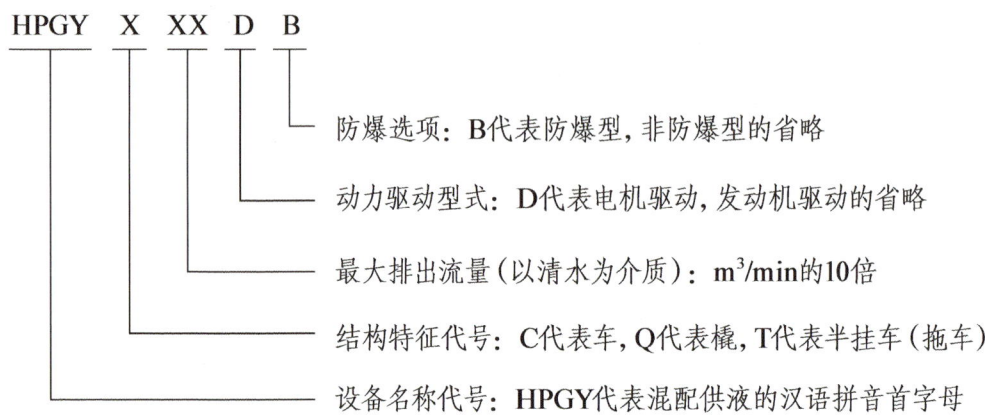

示例：烟台杰瑞生产的额定流量为10m³/min的混配车，型号为HPGYC100。

三、设备参数

混配设备基本参数见表3-4。

表3-4 混配设备基本参数表

参数名称	参数值						
额定配液量（清水）/（m³/min）	4	6	8	10	12	16	20
额定配液浓度（粉水质量比）/%	0.1～0.6						
额定排出压力/MPa	≥0.2						
电动设备标称电压/V	380、600、690、1140						

四、设备现状介绍

1. 国外设备现状

压裂液混配设备主要生产厂家有美国Halliburton、S-S等公司，其混配车采用拖装结构，主要配置有拖车底盘、动力系统、吸排系统、混合系统、添加剂系统、液压系统和自动控制系统等，主要实现液体与液体的混配，一般单机最大混配能力均在16m³/min左右，5套以上液体添加泵，用大混合罐的设计形式。混合过程是吸入泵排出的清水和各种液体添加剂同时注入混合罐，在混合罐中搅拌混合后供给混砂设备，实现即配即用。

国外混配设备主要集中在中亚和北美区域，中亚以半挂拖装式居多，对低温工况的作业能力要求较为严苛,常规混配设备需要满足 -40℃的环境温度。北美采用浓缩液作业体系,混配设备的使用量正在逐渐减少,少量混配设备采用液液混配的形式。

2. 国内设备现状

国内混配设备生产制造商主要包括四机赛瓦石油钻采设备有限公司、烟台杰瑞石油装备技术有限公司、四川宏华电气有限责任公司等。

1)四机赛瓦石油钻采设备有限公司

四机赛瓦已形成最大工作流量 $4 \sim 20 m^3/min$ 的系列混配设备。为了适应山区道路的移运性要求,国内柴油机驱动的混配设备主要采用车装式结构,整机主要包括有车装底盘、动力系统、干粉添加计量装置、水粉混合系统、吸排系统、混合罐、添加剂系统、液压系统和控制系统等。其中,干粉添加计量装置包括链条式升降机、粉罐、电子秤和螺旋输送机,电子秤、螺旋输送机及控制系统的协同工作实现干粉的精确添加与计量;水粉混合系统则主要采用射流混合器,由吸入泵供给射流混合器形成负压将干粉吸入后在混合器内初次混合后进入混合罐进行搅拌混合。这类设备混配能力 $4 \sim 12 m^3/min$。

连续混配设备(车装、拖车装或橇装)能在极短时间内生产大量压裂液。采用高能混合器和扩散槽产生均匀液体,避免鱼眼现象发生;液体能在3min内达到所需黏度并能携砂到井底。可有效地节省运输费用且更加环保,连续混配设备已在油气田得到广泛应用(图3-10)。

图 3-10 四机赛瓦车装式柴驱混配设备

近年来,随着大型压裂装备电动化研发与应用顺利推进,为了实现混配设备的电动化配套,研制开发了最大混配流量达 $20m^3/min$ 的电动混配橇,适用于干粉与水的混配,最大配比 0.6%。该设备采用混配主橇、粉料供给橇、供电房三个橇装模块组合模式,设备输入电压10kV,供电房配有高压变压器,经过变电实现690V主电动机供电和380V辅助供电。其控制系统能够根据设定指令,自动将水和瓜尔胶按比例配制成压裂液,并且可以根据施工的需要,随时对已经设定的参数进行修改,自动控制系统可根据修改后的参数调整运行(图3-11和表3-5)。

图 3-11 橇装式电动压裂液混配橇

表 3-5 四机赛瓦混配设备基本参数

型号	CSGT-240 混配车	CSGT-480 混配车	CSGT-600 混配车	CSGT-720 混配车	CSGS-1200 混配橇
工作流量 /（m³/min）	4	8	10	12	20
尺寸（长 × 宽 × 高）/m	12.2×2.5×4.0	12.2×2.5×4.0	12.2×2.5×4.0	12.2×2.5×4.0	9.5×2.6×2.9 5.93×2.5×3.05
总质量 /t	27.9	29.9	29.9	29.9	25.0
发动机	C-13475	C-15580	C-15580， 加底盘车取力	C-18630， 加底盘车取力	C-18630， 加底盘车取力
粉料罐 /m³	4.5	4.5	4.5	4.5	4.5
混合罐 /m³	9	9	9	9	9
液添 /（L/min）	10～40， 20～100	10～40， 20～100	10～40， 20～100	10～40， 20～100	10～40， 20～100
控制系统	手动 / 自动	手动 / 自动	手动 / 自动	手动 / 自动	手动 / 自动

2）烟台杰瑞石油装备技术有限公司

国内混配设备主要以车装和橇装设备为主，橇装设备以电动为主，常规混配设备排量为 12m³/min 和 16m³/min，目前烟台杰瑞混配设备的最大排量可以达到 20m³/min，可以满足大型作业的配液需求，在混合方面，粉水混合器采用高效的喷射混合器或者剪切混合器，可以实现粉和水的高质量混合，同时迷宫式的混合罐、管道混合器等进一步提升配液质量，在配液精度方面，烟台杰瑞混配设备配备了多种智能检测计量装置，例如液体黏度在线检测、pH 值和温度检测等，同时对于干粉添加量和液体添加量均采用高精度的计量装置以保证添加精度，在自动化方面，混配设备配备了多套自动控制程序，让作业更加智能和可靠（图 3-12）。

图 3-12　烟台杰瑞混配供液设备

3）四川宏华电气有限责任公司

四川宏华电动连续混配橇主要组成部分包括框架、吸入泵及管汇、排出泵及管汇、兑稀泵及混合管汇（含混合器）、粉料提升系统、粉料储输装置（含称重系统、螺旋加料机）、混合罐（带搅拌器）、液添系统、电控房和变频器箱、照明等。设备全自动变频控制，采用全数字变频驱动代替柴油机 + 液压驱动，高浓度、大排量稳定配液，具有调节平滑、机械损伤小、维护量少且噪声低至 80dB，绿色环保零排放等特点（图 3-13 和表 3-6）。

图 3-13　四川宏华 HP16D 电动混配橇

表 3-6　四川宏华 HP16D 电动混配橇设备主要参数表

参数名称	参数值
驱动形式	电驱动（380V/50Hz）
最大排量 /（m³/min）	16
最大粉水重量比 /%	0.6

续表

参数名称	参数值
最高排出压力 /MPa	0.28
额定功率 /kW	300
最大下粉量 /（kg/min）	96
液添系统 / 套	4
高效能混配器 / 个	2
混合罐容积 /m³	9
搅拌器 / 个	2
液位计 / 个	1
自动控制系统	HHE iFrac.MC
尺寸（长 × 宽 × 高）/m	10.85×2.55×4

4）四川宝石机械专用车有限公司

宝石专用车设计生产的电动连续混配橇在作业现场能实现压裂基液高质量连续混配，最大排量20m³/min，在排量不大于16m³/min时最大粉水配比0.6%，且能实现准确连续均匀加料，有效除去水包粉，适用于大、中型压裂施工。

整橇采用纯电机驱动，变频、变压一体式结构，施工时整机电源只需接入一根380VAC电缆。电动机的控制机构、指示仪表，以及显示混配橇工况的计量仪表均安装在控制室内，实现集中控制（图3-14）。

图 3-14　宝石专用车混配设备

3. 国内产品应用情况

由于粉料成本上涨和作业体系的变化，国内许多区域已经不再使用混配设备，压裂作业由原来的混配设备配液改为液添设备直接向混砂设备内加注浓缩液的作业形式，但是混配设备因其作业稳定可靠、配液质量高，部分地区仍在大量使用（图3-15和图3-16）。

图 3-15　四机赛瓦混配设备现场施工

图 3-16　烟台杰瑞混配供液设备现场施工

五、发展需求及建议

压裂液混配设备的发展主要是机械与自动化的实现，现阶段混配设备要能够确保压裂液在短时间内快速均匀混配。未来混配装置的发展将与压裂液体系的发展直接相关。随着国内压裂工艺技术的进步，压裂的过程控制与要求将越来越高，要便于压裂生产组织，提高压裂施工作业效率。要突破现有国产压裂液混配设备的混配性能，必须以压裂液技术发展为依托，紧紧围绕水粉混合这一主要矛盾开展相关研究工作。

第三节　储供砂设备

一、设备概述

储供砂设备用于油气田压裂施工的连续储砂与供砂作业，既可将设备本身储存的压裂砂连续稳定地输送给混砂设备，也可以将其他设备运载的压裂砂输送给混砂设备。

储供砂设备由上料系统、储砂装置、下料系统和控制系统等组成。上料系统有斗提机输送、皮带机输送、螺旋输送器输送等多种输送方式，具有密闭性好、输送量大、全自动等特点。储砂装置结构为多层自由组合的方罐，可存储 60~400m³ 不等的支撑剂，多个隔仓可存储不同规格的支撑剂，满足不同施工工艺供砂需求。输砂器和上料系统可按照设计的输送量将储砂罐中的支撑剂稳定有效地输送给混砂设备。控制系统包括储砂装置电控系统、上料系统和下料系统电控系统，用于控制储砂装置出砂口砂量、供砂阀、上料系统、螺旋输送机的运行。系统模块化设计，集成储砂、输砂、吊砂等全工序于一体，单台设备实现支撑剂供给全流程作业功能（图 3-17）。

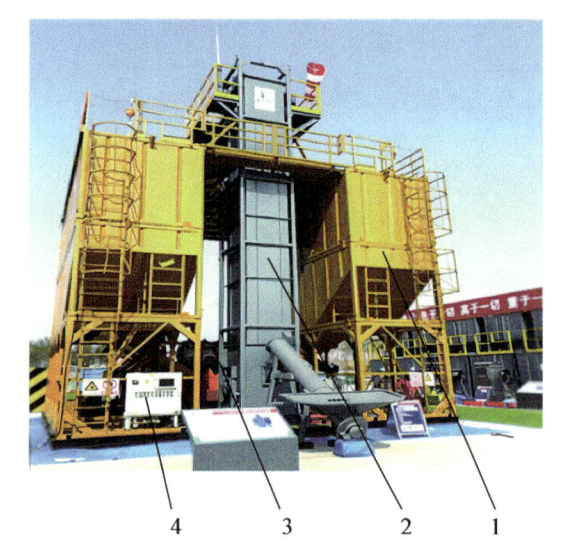

1—储砂装置；2—上料系统；3—下料系统；4—控制系统。

图 3-17 储供砂设备

二、设备型号

储供砂设备型号表示方法如下：

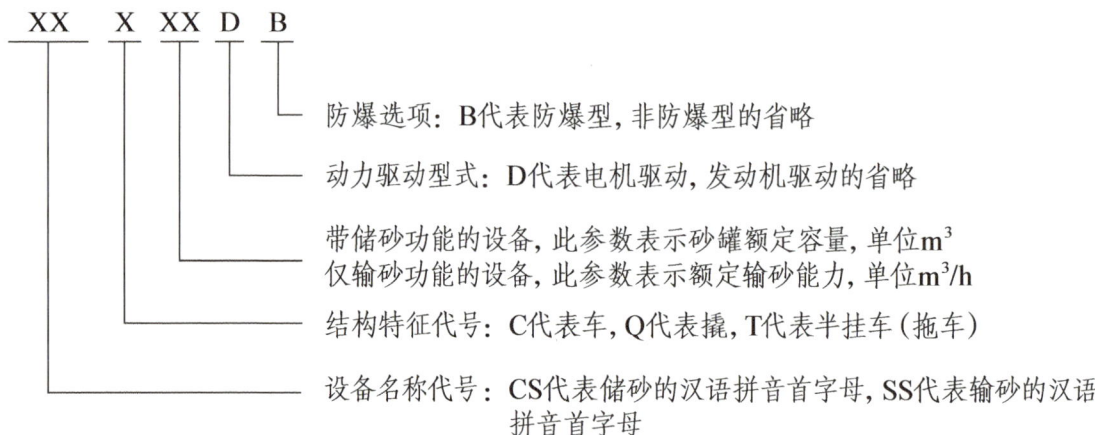

示例：烟台杰瑞生产的砂罐容积为 75m³ 电机驱动的储砂输砂半挂车，其型号表示为：CST75D。

三、设备参数

储供砂设备基本参数见表 3-7。

表 3-7 储供砂设备基本参数

参数名称	参数值
最大输砂量 /(m^3/h)	60、90、120、200、240、300、350、400
砂罐容量 /m^3	60、75、80、100、120、200、300

四、设备现状介绍

1. 国外设备现状

国外储供砂设备以立式储罐加输送机等为主，具有储砂量大、输砂效率高、集中供砂能力强、智能云监控等特点，支撑剂供给成产业链布局，适用于大型的压裂施工供砂需求。常见储供砂设备的厂商有 NOV、SandBox 等。国外压裂特别是北美压裂，施工规模大，施工节奏快，支撑剂供给需求量大，现场吨袋加砂方案无法满足施工需求，储供砂设备的占地面积大，多采用外部设备运转支撑剂的方式保障施工用砂。

2. 国内设备现状

国内储供砂设备包括立式砂罐和储供砂设备，生产制造商主要包括中石化四机石油机械有限公司、烟台杰瑞石油装备技术有限公司、四川宏华电气有限责任公司等。

1）中石化四机石油机械有限公司

四机公司针对国内大规模压裂施工需求，形成了斗式输送+砂罐、螺旋输送+砂罐等多种形式的集储、输、供为一体的储供砂设备。砂罐采用多层方罐的形式，斗式输送和螺旋输送系统实现现场储砂、连续供砂双重功能。

螺旋输送+砂罐式储供砂设备，支撑剂通过行吊进入垂直输送螺旋，通过砂罐顶部的水平螺旋进入每个隔仓，砂罐底部也配有螺旋输送器为混砂设备供砂，改变了传统车装吊机吊砂的方式，减少供砂系统的操作人员数量和避免高空作业的风险。斗式输送+砂罐式储供砂设备，配置 $180m^3$ 双舱斗式提升机，低位吊砂或运砂车供砂，取消吊机高空吊砂，支撑剂通过车装吊机进入斗式提升机垂直提升至砂罐，砂罐底部通过自流或者螺旋输送为混砂设备供砂。砂罐出口电动闸阀控制，雷达监测砂面高度，智能预警，现场只需要 3 人就可以完成卸砂、供砂、清理等工作（图 3-18 和图 3-19）。

2）烟台杰瑞石油装备技术有限公司

烟台杰瑞研发了多样化、智能化的储供砂设备，设备涉及车装、拖车装及橇装等多种类设备，功能齐全，具有储砂量大、输送效率高、智能化、自动化等特点。支撑剂存储容积 $60\sim400m^3$ 不等，满足压裂施工对支撑剂的需求。设备分多个隔仓，可存储多种不同规格的支撑剂，满足不同施工工艺供砂需求；设备支撑剂输送能力可达 90～400m^3/h 不等，满足不同工艺对支撑剂输送量的需求；集成储砂、输砂、吊砂等全工序于一体，功能齐全，单台设备实现支撑剂供给全流程作业功能；集成智能控制系统，实现"一键加砂"、砂位监测、自动闸板控制、"混砂输砂联动"等智能化控制系统（图 3-20 和图 3-21）。

图 3-18　四机公司螺旋输送+砂罐式储供砂设备

图 3-19　四机公司连续输砂装置

图 3-20　烟台杰瑞双传输智能储供砂设备

图 3-21　烟台杰瑞多方位输砂车、连续输砂半挂车设备

3）四川宏华电气有限责任公司

四川宏华的储供砂设备有DCS200单斗提自动输砂系统和DCS240型储砂系统。

DCS200型单斗提储砂系统主要用于非常规油气田大型压裂施工的连续储砂输砂作业。该设备主要包括以下部件：储砂罐、斗提上料系统、水平输送绞龙、下料系统、斗提进料系统、电控系统[图3-22（a）]。

DCS240型储砂系统主要用于非常规油气田大型压裂施工的连续储砂输砂作业。该设备主要包括以下部件：储砂罐、斗提上料系统、水平输送绞龙、下料系统、水平绞龙传送系统、电控系统[图3-22（b）]。

(a) DCS200

(b) DCS240

图3-22 四川宏华单斗提自动输砂系统DCS200、储砂系统DCS240

3. 国内产品应用情况

目前国内主流制造商如四机公司、烟台杰瑞、四川宏华等均完成了各自储供砂设备的现场应用及市场推广，斗提式自动储砂输砂系统目前已在非常规油气田大型压裂施工的连续储砂输砂作业中广泛应用。具备低空破袋，避免人员高空作业，各料仓等分数据化监控砂量，避免人工统计，操作简单，一键启停，本地/远程控制功能，上砂速度快，储砂容量大等优势，逐步替代传统的储砂塔，已广泛应用于各油田区块，满足了国内多样化施工工艺用砂作业的需求，也积累了大量的现场应用经验，为下一代产品升级奠定了一定的基础。

五、发展需求及建议

目前国内储供砂设备呈现多样化、集成化、智能化的特点，满足国内绝大多数压裂施工储砂输砂作业需求。随着技术的发展和国内压裂作业大砂量需求，越来越多的智能化、自动化的解决方案被应用到储供砂设备领域中，例如通过物联网技术实现远程监控等，实现压裂施工连续储存与输送压裂支撑剂，大大提高了压裂施工的效率，储供砂设备也将面临更大储砂量、更大输砂效率、结构更简洁、安装运输更便利、更加智能化无人化等方向的全面升级。

第四节　液氮泵送设备

一、设备概述

液氮泵送设备主要是将低压低温的液氮通过加压加热转化为常温高压的氮气，用于伴注压裂、伴注酸化、气举排液、置换等作业，可适用于天然气、煤层气和致密油等资源开发。液氮泵送设备主要由底盘副梁/橇架系统、动力传动系统、高低压管汇系统、柱塞泵系统、液压气动系统、控制系统等组成。液氮泵送设备可分为柴驱和电动两种动力，目前以柴驱为主。低压管汇系统用于低压液氮的供液和控制，高压管汇系统用于高压液氮/氮气的蒸发和控制，需要满足介质对温度和压力的要求。柱塞泵系统用于液氮增压，主要由低温柱塞泵组成。控制系统主要实现对整机、系统及部件的控制和显示，满足设备的操作需求。

液氮泵送设备按热量来源方式分为直燃式液氮泵送设备和热回收式液氮泵送设备，直燃式液氮泵送设备的热量来源于燃油的直接燃烧，热回收式液氮泵送设备的热量来源于回收发动机缸套水、发动机废气、液压油、润滑油的余热（图 3-23）。根据液氮汽化热量来源的途径，液氮设备分为直燃式和热回收式。通常以 $360 \times 10^3 \text{ft}^3/\text{h}$ 为界：气氮排量不大于 $360 \times 10^3 \text{ft}^3/\text{h}$ 时，采用热回收式；排量大于 $360 \times 10^3 \text{ft}^3/\text{h}$ 时采用直燃式。

1—承载底盘车；2—动力传动系统；3—控制系统；4—液压系统；5—柱塞泵；6—高低压管汇系统；7—罐体。

图 3-23　液氮泵车（带液氮罐）

二、设备型号

液氮泵送设备有车装式、半挂拖装式及橇装式三种形式。

按照 SY/T 7087—2016《石油天然气工业 钻井和采油设备 液氮泵送设备》中的规定，设备表示方法如下：

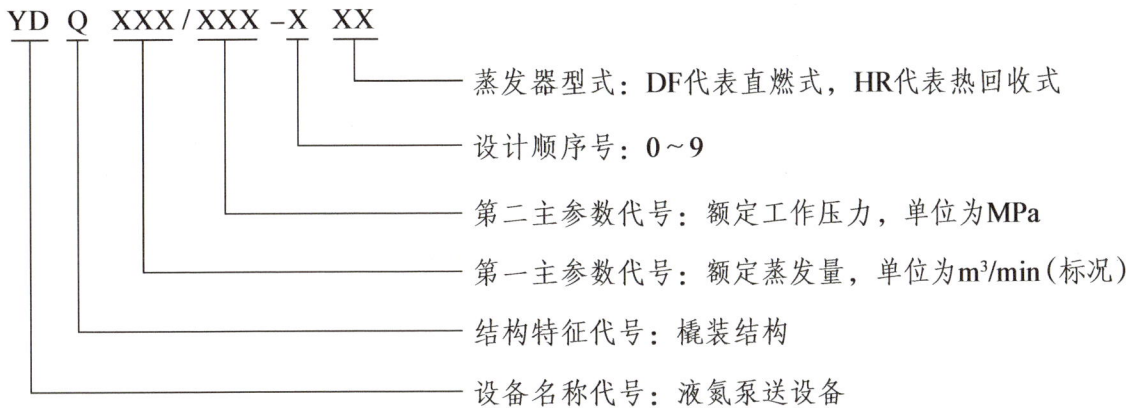

示例：某制造厂第二次设计生产的额定蒸发量为 300m³/min（标况），额定工作压力为 103.5MPa 的热回收式液氮橇，型号编制为 YDQ300/105-1HR。

三、设备参数

液氮泵送设备基本参数见表 3-8。

表 3-8 液氮泵送设备基本参数表

参数名称	参数值
额定工作压力 /MPa	70，105，140
额定蒸发量 /[m³/min（标准工况）]	60，65，70，75，80，85，90，100，110，120，130，140，150，165，180，195，215，235，255，280，300，330，360，390，425，460，500，550，600，650，710，770，840，920，1000
液氮泵额定输入功率 /kW（hp）	75（95），150（190），300（400），450（610），750（1000），825（1100），1100（1500），1680（2000）
氮气排出温度 /℃	15～35

四、设备现状

1. 国外设备现状

中东、南美、北非、独联体等国家和地区对液氮设备的需求主要为热回收式，最大排

量多为 $180×10^3\text{ft}^3/\text{h}$（$85\text{m}^3/\text{min}$），最大工作压力为69MPa，陆地和海洋均有应用；北美陆地对大排量液氮车及拖车也有需求。从地域上看，陆地和海洋均有应用；从气候上看，分布在热带、温带和寒带。近年来，部分区域有小排量作业、自动供液和低成本设备等差异化应用。

2. 国内设备现状

国内液氮泵注设备生产制造商主要包括四机赛瓦石油钻采设备有限公司、烟台杰瑞石油装备技术有限公司等。

1）四机赛瓦石油钻采设备有限公司

四机赛瓦研发的 $90×10^3\text{ft}^3/\text{h}$、$180×10^3\text{ft}^3/\text{h}$、$360×10^3\text{ft}^3/\text{h}$ 液氮泵橇、车装或拖车用于氮气射孔、气举排液、氮气置换及管道试压等作业工况，采用热回收式蒸发器，搭载数据采集系统，具备超压及低温报警功能，有效保障作业安全。直燃式液氮泵注设备最大作业排量 $170\sim696\text{m}^3/\text{min}$，最高工作压力为103.5MPa（图3-24和图3-25）。

(a) 直燃式液氮泵车（带液氮罐）

(b) 直燃式液氮泵车（带控制室）

图 3-24　四机赛瓦直燃式液氮泵车（带液氮罐）、直燃式液氮泵车（带控制室）

图 3-25　四机赛瓦热回收式液氮泵橇

2）烟台杰瑞石油装备技术有限公司

烟台杰瑞针对山地、丘陵、沙漠、沼泽等油气田，针对热带、温带和寒带等气候特征，已经完成 $42\sim472\text{m}^3/\text{min}$ 系列液氮泵送设备的推广应用，包括车装、半挂车装、橇装等全系列产品（图3-26和图3-27）。直燃式液氮设备最大排量 $472\text{m}^3/\text{min}$，最高工作压力

103.5MPa,热回收式液氮设备最大排量165m³/min,最高工作压力也为103.5MPa。设备配置该公司自主开发的智能控制系统,拥有可视化的操作界面,远程控制系统可以匹配多种设备,实时数据采集;可实现蒸发器一键点火,自动燃烧,自动控制氮气温度和排量。设备高低压管汇设计合理,充分考虑热胀冷缩和管汇减振,配置超高压和超低温保护系统,配置机械和电子式双重安全保护系统。

(a) 直燃式液氮车

(b) 热回收式液氮半挂车

(c) 液氮橇

图 3-26 烟台杰瑞直燃式液氮车、热回收式液氮半挂车、液氮橇

图 3-27 烟台杰瑞石油液氮车伴注压裂作业、置换作业

此外,烟台杰瑞在液氮小排量作业、智能控制、蒸发器全自动控制、超高压液氮泵送设备方面也取得了突破和应用。

3. 国内产品应用情况

国内液氮泵送设备以大排量的直燃式为主，多采用车装形式，且直燃式液氮车已实现国产化。直燃式液氮泵送设备最大作业排量需求多在 189～472m³/min，最高工作压力 103.5MPa。国内的液氮泵送设备主要用于氮气伴注压裂、氮气伴注酸化、气举排液、置换、氮气泡沫解堵和氮气泡沫固井等作业，当前的趋势对产品的可靠性需求不断提升。

五、发展需求及建议

直燃式液氮泵送设备需加强蒸发器积碳消除及温度波动抑制、设备稳定性提升、高压作业等方面的研究。热回收式液氮泵送设备需在精密自动控制、平台防爆和认证等方面加深研究。

第五节　二氧化碳增压设备

一、设备概述

二氧化碳增压设备主要是实现对液态二氧化碳的增压和泵送，输出符合压力、排量要求的液态二氧化碳，用于二氧化碳前置增能、二氧化碳驱油、二氧化碳无水压裂等作业工艺。设备由底盘副梁、橇架系统、二氧化碳增压泵系统、气液分离器、进液系统、排液系统和控制系统等组成。底盘副梁、橇架用于承载和移运部件，二氧化碳增压系统是该设备的核心，由动力传动部件、二氧化碳增压泵组成，动力形式可选择柴驱或电动。气液分离器可自动稳定液位。进液、排液系统为液态二氧化碳的主要通道，用于设备的进液和排液。控制系统主要实现对整机、系统及部件的控制和显示，满足设备的操作需求。

设备流量范围 6～18m³/min，采用液压无级调速，满足客户多排量的需求；分离器液位和增压泵转速可实现自动控制，采用智能型流量计，可实现本地和远程显示，精度高、反应灵敏（图 3-28）。

二、设备型号

二氧化碳增压设备有车装式、半挂拖装式及橇装式三种形式。

1—进液系统；2—气液分离器；3—二氧化碳增压泵系统；4—控制系统；5—排液系统；6—橇架系统；7—动力系统。

图 3-28　二氧化碳增压设备

二氧化碳增压设备没有规范的标准，某制造公司产品型号表示方法如下：

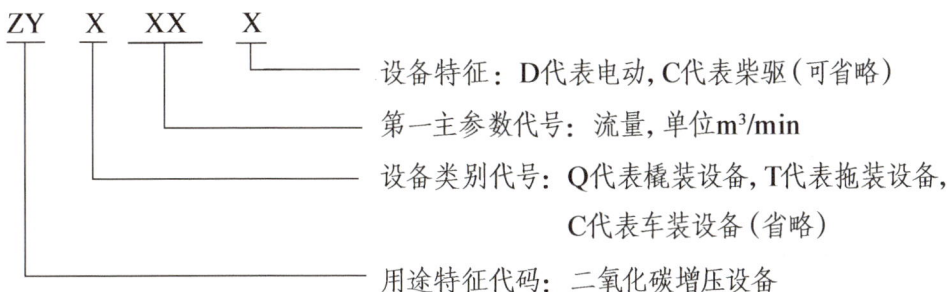

示例：柴驱二氧化碳增压橇额定流量为 $8m^3/min$，其型号为 ZYQ08。

三、设备参数

二氧化碳增压设备基本参数见表 3-9。

表 3-9　二氧化碳增压设备基本参数表

参数名称	参数值
适应温度 /℃	−29～45
增压装置最大流量 /（m^3/min）	6、8、12、18
最高工作压力 /MPa	3

四、设备现状

1. 国外设备现状

国外较早开展在油井中注入二氧化碳的应用，二氧化碳增压设备也得到了广泛应用。

美国 Baker Hughes、Fracmaster、Schlumberger 等公司已经开发出成套技术与装备，有专为液态二氧化碳增压设计的泵车，技术成熟，以柴油机为动力驱动液压泵动力系统，用于地形复杂的油田环境，在环境温度 −40～40℃ 之间能够长时间工作。

2. 国内设备现状

国内二氧化碳增压设备生产制造商主要包括中石化四机石油机械有限公司、烟台杰瑞石油装备技术有限公司等。

1）中石化四机石油机械有限公司

四机公司针对"页岩油压裂前置二氧化碳泵送和常规二氧化碳干法压裂"的需求，研制开发二氧化碳增压设备，配置双增压泵，一备一用，输出流量达到 4～12m^3/min，满足大排量二氧化碳泵送需求。设备通过管路及控制元件的设置、供液保压和增压泵转速控制三者结合的方式，形成了二氧化碳气液分离及增压系统恒压控制流程，重点解决增压与恒压控制、低温适应性等技术难题，实现增压后的 4～12m^3/min 大排量液态二氧化碳稳压输出（图 3-29）。

图 3-29　四机公司 SZY 系列二氧化碳增压设备

2）烟台杰瑞石油装备技术有限公司

烟台杰瑞已完成 6～18m^3/min 系列二氧化碳增压设备的推广应用，有车装和橇装两种承载方式，有发动机和电机两种驱动方式。设备根据作业需求，采用液压调速提供 6～18m^3/min 的排量输出，满足客户多排量的需求；设备扬程高，确保整个作业过程系统压力的稳定；纯电控控制，可实现设备的远程控制，操作更简单、更安全、设备自动化程度高；可实现排出压力的自动调节，可实现分离器液位的恒定控制（图 3-30 和图 3-31）。

3. 国内产品应用情况

国内较多应用了二氧化碳前置增能、二氧化碳驱油作业工艺，进行了二氧化碳无水压裂的试验，当前，二氧化碳增压设备可以满足国内作业工艺的需求。杰瑞石油装备技术有限公司生产的 18m^3/min 二氧化碳增压泵车，可适应于各种压裂作业需求；四机公司的二氧化碳增压设备在胜利页岩油开发中应用超过 3000 段。

图 3-30　烟台杰瑞二氧化碳增压泵车

图 3-31　烟台杰瑞二氧化碳增压泵橇

五、发展需求及建议

未来二氧化碳增压设备需要加大在安全性、自动控制方面的研究，提升设备的作业安全性和可靠性，降低运行成本。同时随着物联网、大数据和人工智能等技术的应用，未来二氧化碳增压设备会更加智能，能够实时监控状态并自动调整操作参数，以确保最佳性能。

第六节　供液/供酸设备

一、设备概述

供液/供酸设备作为油田现场最基本的设备，主要由动力系统、吸入/排出系统、控制系统等组成，主要功能是为混配、混砂、液罐等设备提供所需的液体，供液设备可将外部的水抽吸至井场液罐，也可将液罐的液体输送至用液设备，同时根据配比添加液体添加剂，排出至下游设备（图3-32）。供液设备的最大排量可达20m³/min，满足大、中型压裂作业要求。

供液/供酸设备集成供液和供酸功能，可远程集中管理及控制，简化井场配置及作业流程；自适应压力控制功能，本地无人化操作。

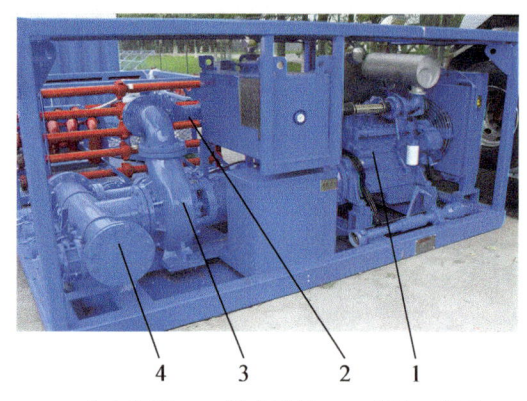

1—动力系统；2—排出系统；3—供液/酸泵；
4—吸入系统。

图3-32 供液/供酸设备

二、设备型号

四机赛瓦的供液/供酸设备，设备表示方法如下：

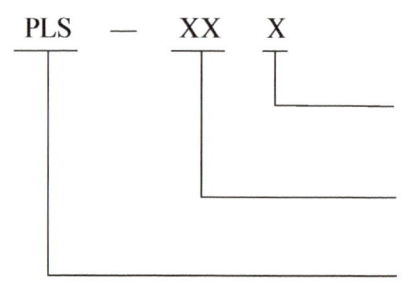

PLS－XX X

设备特征：E代表电动，A代表柴驱（可省略）

第一主参数代号：流量，单位bbl/min

用途特征代码：PLS代表供液橇，PLT代表供液车，PLTLR代表供液拖车

示例：四机赛瓦生产的供液/供酸设备，最大排量75bbl/min，型号为PLS-75A。

四川宏华的供液设备，设备表示方法如下：

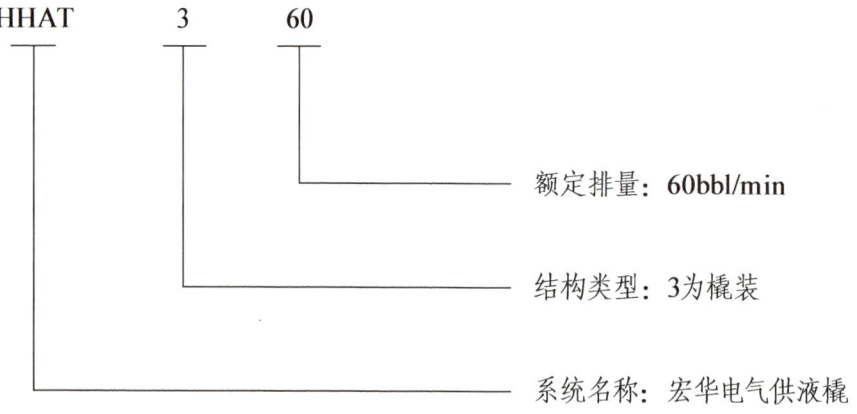

HHAT 3 60

额定排量：60bbl/min

结构类型：3为橇装

系统名称：宏华电气供液橇

示例：四川宏华的橇装供液设备额定流量为60bbl/min，其型号为HHAT-3-60。

三、设备参数

设备基本参数见表3-10。

表 3-10 供液/供酸设备基本参数表

参数名称	供液设备参数值	供酸设备参数值
额定流量 /（m³/min）	6~20	4~20
额定排出压力 /MPa	≥0.3	
标称电压 /V	380、600、690	

四、设备现状

1. 国外设备现状

国外的供液/供酸设备发展较为成熟，广泛应用于油田开发中的注水、注化学剂及其他供液需求。国外厂商在设计、制造和应用技术方面具备明显优势，产品呈现高效化、模块化和智能化趋势，便于运输、安装和调试，适应高压、高黏度液体的输送需求。

2. 国内设备现状

目前国内大部分厂商已实现模块化橇装设计，产品具备一定的灵活性，可根据不同油田的作业工况进行定制。普遍采用离心泵和螺杆泵，但高效泵技术与国际水平有较大差距，特别是在能效和使用寿命方面。对特殊介质（如高黏液体、酸性液体）的适应能力有限，部分关键件依赖进口；大部分供液设备以 PLC 控制为主（图 3-33 和图 3-34）。

图 3-33 四机赛瓦供液设备

图 3-34 宝石专用车电动供液橇

3. 国内产品应用情况

四机赛瓦开发的柴驱/电动供液设备,广泛应用于西南、川渝地区,排量 2～20m³/min。烟台杰瑞开发的化学剂注入橇在国内市场有较高占有率,智能化水平逐步提升。

五、发展需求及建议

1. 智能化升级

加强数据采集、分析和远程控制技术的应用逐步向物联网方向发展,开发智能故障诊断系统,提高运行可靠性。

2. 高效泵技术

提升泵的能效比和寿命,重点突破高黏度、高压液体输送技术,开发自适应泵系统,适应多种介质需求。

3. 材料与环保性能提升

研发高耐腐蚀、高强度材料,加强关键过流件的耐腐蚀能力,减少液体泄漏,提高安全环保性。

第七节 配酸设备

一、设备概述

配酸设备作为压裂酸化作业中的设备之一,主要由动力系统、液体添加系统、干粉添加系统、兑稀系统、控制系统等组成,主要用于油气田压裂施工作业过程中酸液与清水的兑稀,同时实现液体添加剂、干粉添加剂精确计量及添加。该设备具有能独立完成酸化压裂工作液连续配供、循环批混和供液作业的特点。配酸设备的额定排量可达 16m³/min,满足大、中型压裂作业要求。设备采用自动化和在线动态混配技术,能够根据实时需求自动调整酸液浓度和成分,提升了作业效率和精准性。在确保使用性能的条件下增加废液处理装置,满足环保需求(图 3-35)。

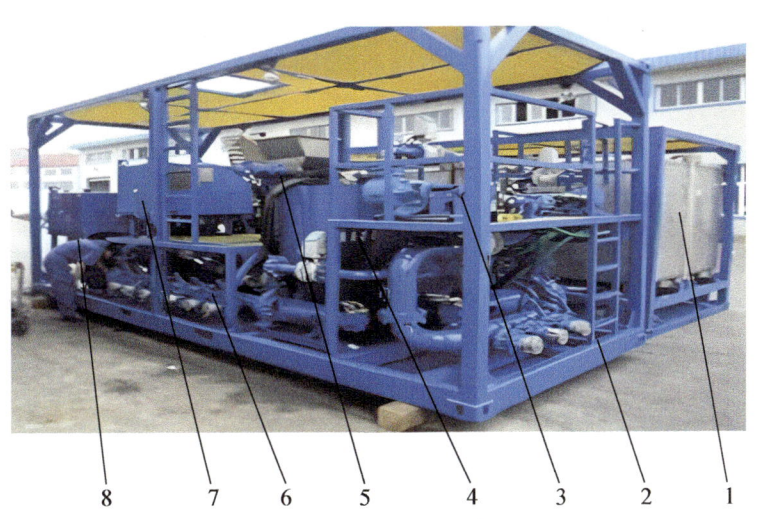

1—液体添加系统及液体罐；2—橇架；3—干粉添加系统；4—混合搅拌系统；5—控制系统；6—管汇系统；
7—液压系统；8—动力系统。

图 3-35　四机赛瓦配酸橇

二、设备型号

四机赛瓦的配酸设备，设备表示方法如下：

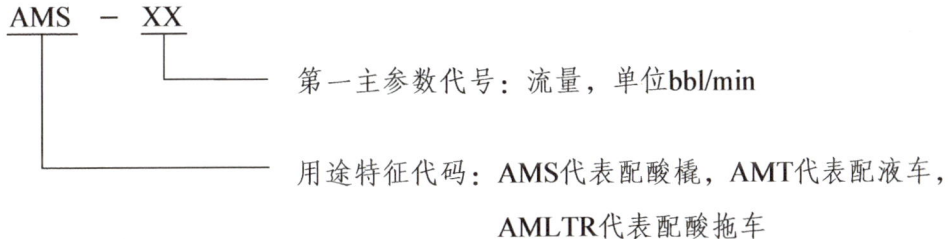

示例：四机赛瓦生产的配酸橇，最大排量 20bbl/min，型号为 AMS-20。

三、设备参数

设备基本参数见表 3-11。

表 3-11　配酸设备基本参数表

参数名称	参数值
额定流量 /（m³/min）	3~16
额定排出压力 /MPa	≥0.3
标称电压 /V	380、600、690

四、设备现状

1. 国外设备现状

油田配酸设备的国外现状主要有以下几个方面。第一个是技术成熟度高，能够满足不同酸化作业需求，包括碳酸盐岩酸化、砂岩酸化和深井酸化等。第二个就是自动化程度高，采用全自动控制系统，集成了 PLC、HMI、数据采集和远程监控技术，智能化发展趋势明显，部分设备可以根据实时井况自动调整酸液配方，提高作业效率。第三个是环保性能优越，能够减少酸液泄漏、挥发性气体的排放、对环境的污染、设备损耗，以及酸液对地层和周围生态的损害。总的来说，国外油田配酸设备技术发展较为先进，注重高效、安全和环保。这些设备能够在各种复杂环境中提供稳定的酸化服务，推动了油田酸化作业的自动化和智能化进程。

2. 国内设备现状

国内油田配酸设备的工艺技术近年来取得了显著进步，技术水平逐步接近国际先进水平，但与国外相比仍存在一定差距，主要体现在自动化程度、精密控制能力、环保性能，以及智能化技术应用等方面（图 3-36）。

图 3-36 烟台杰瑞电动配液橇

3. 国内产品应用情况

四机赛瓦开发的混酸设备大多为模块化设计，便于在不同井场之间快速部署。广泛应用于西南、川渝地带以酸化为主的油气井。目前配酸产品有 AMS-20 到 AMS-100 系列，配酸排量区间为 20bbl/min 到 100bbl/min。可满足小型、中型、大型压裂作业要求。同时采用了自动化和在线动态混配技术，能够根据实时需求自动调整酸液浓度和成分，提升了作业效率和精准性。在确保使用性能的条件下也增加了废液处理装置，增加了设备的环保性。

烟台杰瑞开发的混酸设备具备可移动性强、现场布局方便等特点，能够满足油田现场的使用。具备多重混合技术和酸雾处理技术，多相混合效果好，自动化程度高，减小劳动强度，能够实时精准自动调整配方比例。能够满足 3~16m³/min 的酸液配制要求。功能集成度高，集成最新酸雾、废液处理技术，更环保、更安全。

五、发展需求及建议

首先是加强数据采集、分析和远程控制技术的应用，实现智能酸液配制和注入。其次是提升可靠性与环保性能，减少液体泄漏，提高设备使用寿命，采用高效废液处理装置，减少作业对环境的影响。最后开展国际合作与技术引进，加强与国外知名企业的合作，引进先进技术并加速国产化应用。

第八节 添加剂设备

一、设备概述

添加剂设备作为压裂酸化作业中的设备之一，主要由底盘车（橇架、半挂车）、动力系统、液压系统、气路系统、泵送计量系统、上液系统、储罐总成、控制系统等组成，用于陆上油气井液体添加剂的过渡储存及全自动添加，配合压裂成套设备作业（图3-37）。化学药品添加剂设备是用于陆上油气井进行大型压裂作业时，添加多种高精度液体添加剂而配置的车装或者橇装设备。

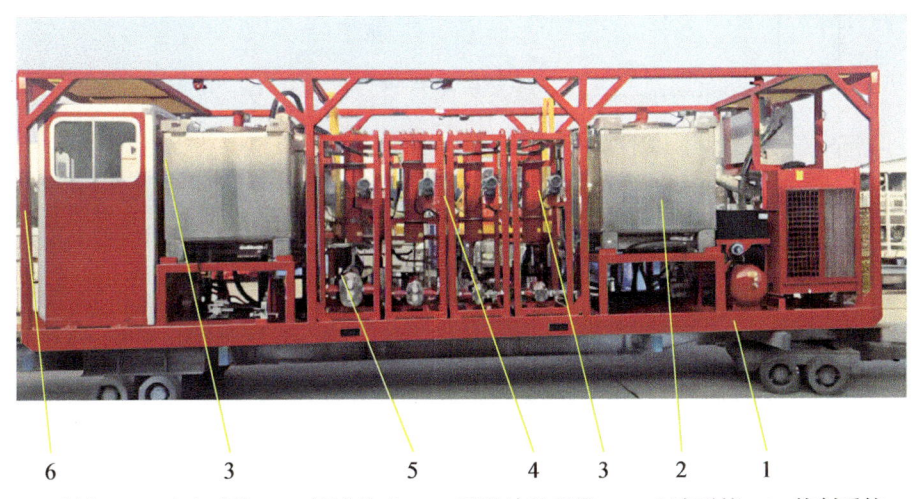

1—橇架；2—动力系统；3—储罐总成；4—泵送计量系统；5—上液系统；6—控制系统。

图 3-37 四机赛瓦添加剂设备

管汇系统一般包括吸入管汇、化添泵、排出管汇，是整个化学添加剂设备的核心系统，吸入管汇主要由不锈钢管件、耐腐蚀软管等零部件组成，将化添泵与化添罐连接，给化添泵输送化学药品；化添泵一般选用具备一定自吸能力的高精度的转子泵、螺杆泵或者隔膜泵，通过对泵转速的调节，完成不同泵排量设置，为下游设备作业泵送所需化学药品；排出管汇通常配置质量流量计，对泵出的化学药品进行计量。

化添罐系统总成是由耐腐蚀材料制成的罐体，设有出液孔、进液孔、透气孔、检修孔等功能孔，同时设计液位窗或电子液位计，用于显示并记录罐内液位。此外，如果罐内化学药品静置存在沉淀，需要设计搅拌装置，对罐内化学药品进行搅拌，以保证罐内化学药品的均匀性和一致性。

动力系统主要由柴油机驱动的液压系统、柴油机驱动的发电系统或者由外接电源直接供电装置组成，为化添泵的运转、控制系统的控制提供动力供应。

底盘车（橇架、半挂车）系统，为整套化学药品添加装置正常工作提供承载支持，为整套化学药品添加装置转运提供支撑及防护。

控制系统由变频器、PLC、各类型传感器等零部件组成，用于控制化添泵的启停，跟随下游混砂设备的压力排量调节排出药品流量、压力。

二、设备型号

四机赛瓦生产的添加剂设备，设备表示方法如下：

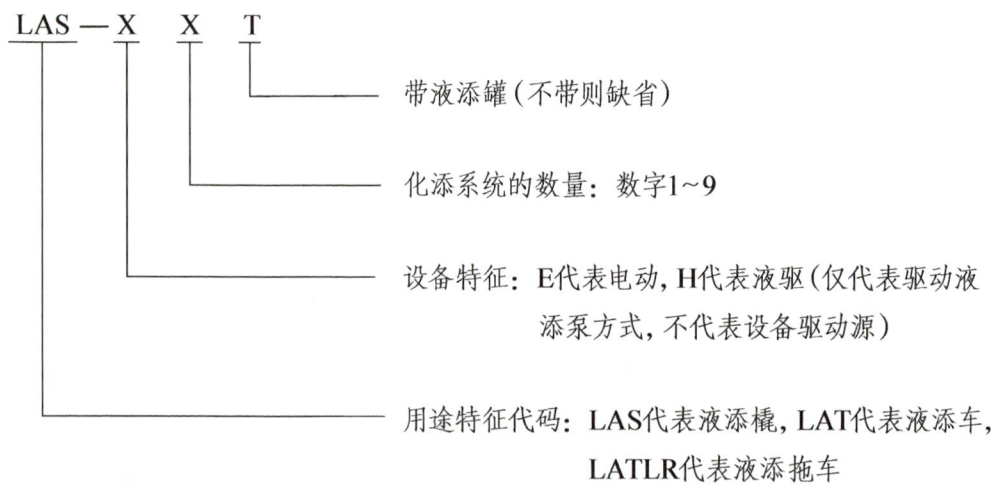

示例：四机赛瓦生产的电动液添橇，配备4套化添系统，带液添罐，型号为LAS-E4T。

烟台杰瑞生产的化添药品添加设备，设备表示方法如下：

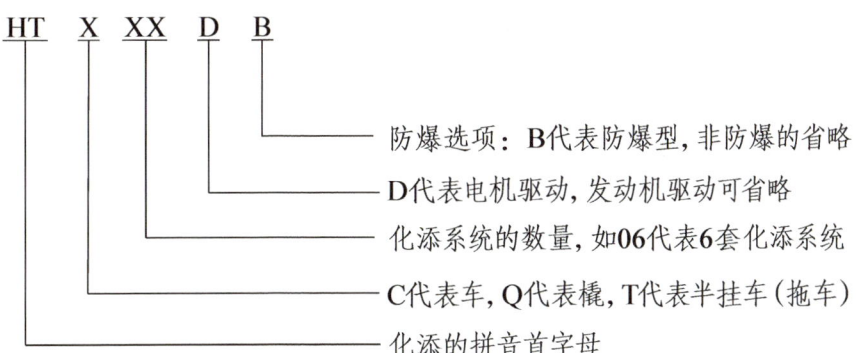

示例：烟台杰瑞生产的配置6套具有防爆功能的电动化添系统的化添橇，型号为HTQ06DB。

三、设备参数

添加剂设备基本参数见表3-12。

表3-12 添加剂设备基本参数表

参数名称	参数值
化添系统数量/套	4~8
单套化添系统流量/（L/min）	0.4~550
不锈钢化学药品储罐/个	1~5
化添系统的排出压力/MPa	≤0.7

四、设备现状

1. 国外设备现状

国外主要在中东和俄罗斯应用，中东液添拖车居多，俄罗斯液添车居多，一般要求密闭保温处理，化添系统数量一般6套到10套，配置较大容积化添罐（不小于1000L），动力系统采用柴油驱动的发电机或者柴油机驱动液压系统作为动力，但是应用较少。

2. 国内设备现状

国内添加剂设备生产制造商主要包括四机赛瓦石油钻采设备有限公司、烟台杰瑞石油装备技术有限公司等。

1）四机赛瓦石油钻采设备有限公司

四机赛瓦的添加剂设备多以橇装设备为主，泵注排量范围10~400L/min，泵注单元一般4~8套，配置储液罐和质量流量计（图3-38）。

(a) LAS-H4T型　　　　　　　　(b) LAS-E8T型

图 3-38　四机赛瓦 LAS-H4T、LAS-E8T 自动连续液添

2）烟台杰瑞石油装备技术有限公司

烟台杰瑞化学添加剂装置专门设计用于满足当今大型压裂作业的需求。该装置可以为下游设备提供动态精准化学品注入功能，消除作业后的浪费。高自动化程度保证了优异的性能和准确的比例泵送，减少停机时间。具有不同的流量范围，满足多种液体添加剂体系。高精度质量流量计确保可靠的控制（图 3-39）。

图 3-39　烟台杰瑞系列化添橇设备

3. 国内产品应用情况

国内添加剂设备多以橇装设备为主，采用可拆卸的模块单元，自动化程度高；动力包括柴驱和电动两种，带流量精确计量和 10L/min 以下的小流量作业，包含控制室和气路吹扫等功能；目前设备更倾向于简易集装箱式橇装结构。

五、发展需求及建议

随着国内压裂井场的规范化管理，添加剂设备应用增多，要求设备在防爆、电动化、精确计量、小排量泵注等方面开展研究，并将控制系统融入压裂全流程自动化控制系统，实现作业过程的精准控制。

第九节 储液罐

一、设备概述

储液罐用于油气钻井、增产及开采作业过程中存储生产用水、液等。包括钢制液罐、柔性水罐等型式。钢制液罐采用钢制框架,耐酸耐腐蚀,罐底经过加固,保证安全。柔性水罐外层为钢质罐架,中层为柔性网兜,最内层与介质直接接触的为柔性囊,三罐进出液口位于底部侧面,配置标准接头,便于设备连接。钢制液罐安全性高,但是容积小,占地面积大,使用运输成本比较高;柔性水罐容积大,可折叠,占地面积小,运输成本少,但对安全可靠性方面要求高。储液罐液面可远程监控,自动灌注,效率高;低温环境可加热,能搅拌,应用范围广。

二、设备型号

钢制液罐生产厂家众多,型号没有统一规定,但是多以储液罐最大容积作为基本参数,容积一般在 50~120m³ 不等。

四川宏华柔性水罐设备,设备表示方法如下:

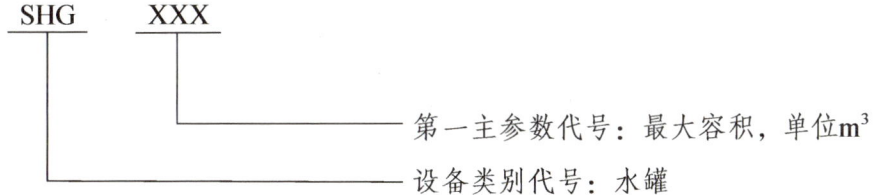

三、设备参数

柔性水罐基本参数见表 3-13。

表 3-13 柔性水罐基本参数

参数名称	参数值				
最大容积 /m³	120	160	210	240	300
运输尺寸(长 × 宽 × 高)/m	9.6×2.2×2.8	10×2.5×2.8	11.9×2.8×2.9	14×3.2×2.8	14×3.2×3
工作尺寸(长 × 宽 × 高)/m	9.6×2.2×9	10×2.5×10	11.9×2.8×9.8	14×3.2×8.5	14×3.2×10
质量 /t	18	20	22	16	28

四、设备现状

随着页岩油气勘探开发的深入,开采压裂作业规模增大,加砂压裂液用量逐年增加,对储液规模需求也日益增多,最大单井作业液量达 $1.6\times10^4 m^3$,传统的钢制储液罐不可折叠,一车一罐运输,且在井场占地面积大,综合使用成本高(图 3-40)。柔性水罐具有轻便耐用,便于搬运,存放体积小,经济环保等优点。从 2012 年起,已在川渝、新疆、东北、俄罗斯等地区广泛应用(图 3-41)。

图 3-40 钢制储液罐现场应用

图 3-41 四川宏华柔性水罐

五、发展需求及建议

面对页岩油气压裂施工"大液量"的需求,需要改进配液方式、减少储液罐数量,实现页岩油气高效低成本压裂开发。

第十节 集中供油设备

一、设备概述

集中供油设备由储油、加油和分配三部分组成，可以在压裂设备作业间隙为其自动补油，以保证页岩气开采要求。储油部分用于储存燃油；加油部分集成动力系统、过滤净化装置和控制柜，主要作用是提供动力；分配部分集成卷管器、加油软管、流量计、电磁阀和流量计等，主要用于将燃油分配到压裂设备并实现计量和控制。

二、设备型号

设备多为橇装设备，表示方法如下：

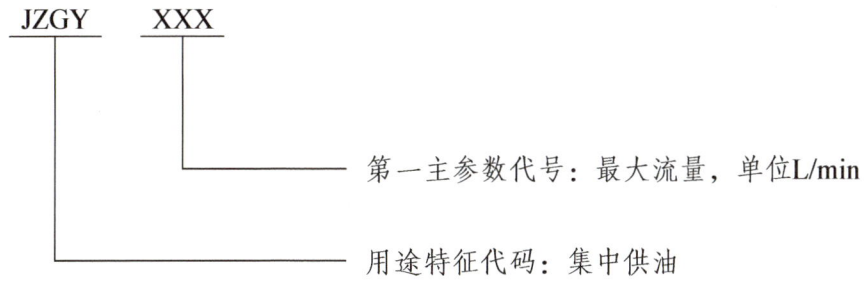

示例：集中供油设备最大流量300L/min，其型号为JZGY300。

三、设备参数

设备基本参数包括最大流量、加注设备数量等。

最大流量：大于480L/min。

加注设备：24台。

供油压力：大于0.1MPa。

四、设备应用情况

集中供油设备可用于压裂机组的多台柴油机集中供油系统，并可以利用手持操作终端实现远程或现场的自动操作，同时为24台设备集中供油、回油，具备一键吹扫供油、回油管线功能；当发生紧急情况时，供油、回油管线自动快速切换至油箱，保障了发动机安全运转（图 3-42）。

图 3-42 宝石专用车集中供油设备

第十一节 储能设备

一、设备概述

储能设备在油气领域正逐渐发展成为不可或缺的一部分，对于有网电的井场，储能系统可与网电进行配合，实现电网扩容、峰谷价差套利、应急电源等功能；对于未接入网电的偏僻地区，储能系统可与燃机配合，实现削峰填谷、平滑输出、调峰调频及黑启动等功能。

储能设备主要由储能单元和监控调度单元组成，储能单元包含电池组、电池管理系统（BMS）、储能变流器（PCS）等，监控与调度管理单元包括 EMS 等。储能设备作为发电端储能设备，针对油田地区现有网电容量低、电压波动大等问题，通过储能系统的自适应动态调节，维持电压稳定，提供有功支撑，实现电网接续使用。可提高压裂作业现场的电力系统可靠性和稳定性，促进电能的节约和环保，支持清洁能源的发展。

二、设备型号

储能设备包含橇装式和车装式，不同制造公司产品设备表示方法不同。

烟台杰瑞生产的储能设备，设备表示方法如下：

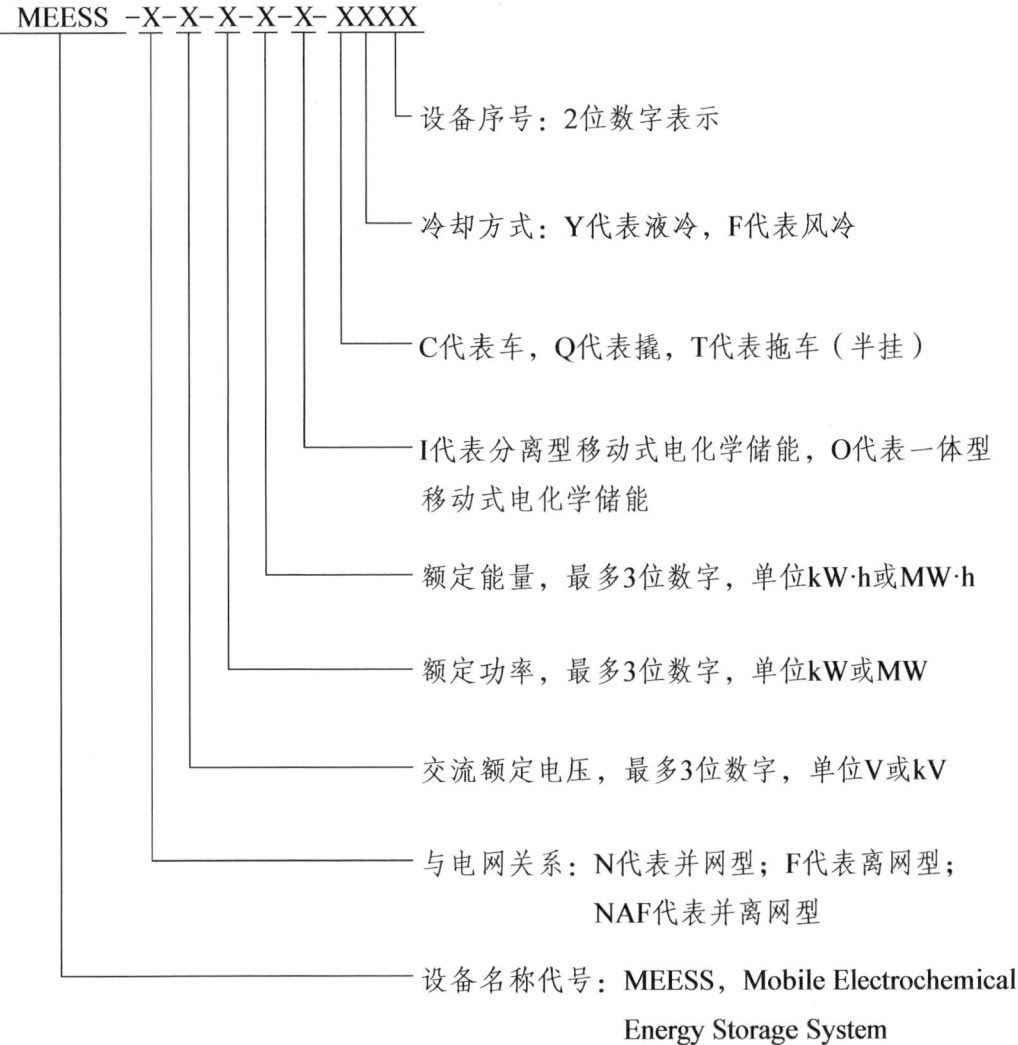

示例：烟台杰瑞生产的离网型分离型移动式橇装液冷电化学储能设备，交流额定电压为10kV，额定功率为3.4MW，额定能量为7.4MW·h，该设备的型号为：MEESS-F-10-3.4-7.4-I-QY31。

四机公司生产的储能设备，设备表示方法如下：

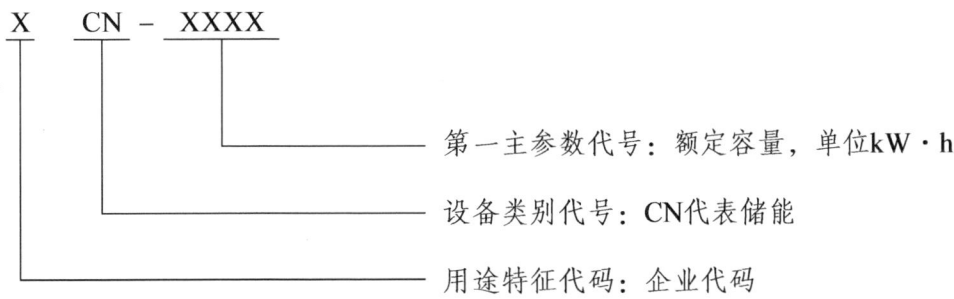

示例：四机公司生产的压裂储能装置额定容量1200kW·h，设备型号为SCN-1200。

三、设备参数

储能装置基本参数见表 3-14。

表 3-14 储能装置基本参数表

参数名称	参数值
额定输出功率 /kW	≥1200
充放电转换时间 /ms	≤100
并、离网转换时间 /ms	≤200

四、设备现状

国内储能设备生产制造商主要包括烟台杰瑞石油装备技术有限公司、四川宏华电气有限责任公司、中石化四机石油机械有限公司等。

1. 中石化四机石油机械有限公司

四机公司研制的 1200kW·h 储能设备，额定放电容量 1250kV·A，放电时间 1h，额定输出电压 10kV（图 3-43）。

图 3-43 四机公司储能设备

2. 烟台杰瑞石油装备技术有限公司

烟台杰瑞推出了 1.2MW/1.2MW·h、2.4MW/3.4MW·h、3.4MW/7.4MW·h 储能系统，目前已应用于四川威远气田、长庆油田、大庆油田等多处井场（图 3-44），其优点如下：

高集成度：交流、直流分别集成于独立舱体内，交直流间采用快插式接头连接，拆装方便；交流侧配置变压器、开关柜，输出可满足不同电压需求，可减少 50% 施工工程量。

箱级安全：采用 PACK 级消防，电池热失控分级预警，快速惰化抑制，有效防止复燃。

智慧运维：基于物联网，采用全方位监控，智能故障告警，可实现少人、无人值守。

图 3-44　烟台杰瑞储能系统现场作业

3. 四川宏华电气有限责任公司

四川宏华推出了 2.5MW/5MW·h 的储能产品用于压裂施工现场，该产品可分为电池单元和功率单元两部分，可根据现场的实际需求进行灵活匹配和组合，产品还搭载了智能控制系统，该控制系统集成了多种分布式能源的控制策略，在面对未来有可能出现的多元化、分布式电能运用场景提供了高效的控制平台（图 3-45）。

 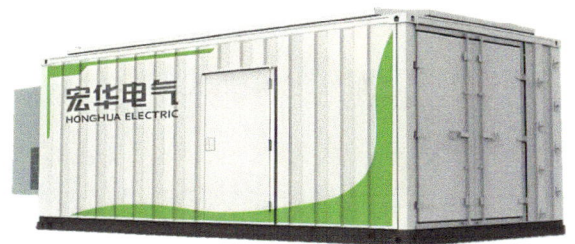

图 3-45　四川宏华储能设备

BESS 电池储能系统整合发电机组、电网与电池储能技术，实现了燃油消耗降低、噪声减少，以及碳排放量的缩减，提升了供电的稳定性。

4. 国内产品应用情况

储能设备可满足 10kV、0.6kV、0.4kV 等多电制输出，能够支持井场黑启动，并离网切换小于 20ms，可保障井场 24 小时不间断供电。储能设备可响应功率瞬时波动需求，充放电转换仅需 200ms，可满足兆瓦级别的常规负载波动，同时依赖于储能的功率调整，发电机可保持经济气电比，维持高效发电，提升设备运行经济性。

满足全国不同区域油田井场作业要求，设备不因严寒、酷暑、风沙、雨雪而运行异常，同时结构强度可满足吊装变形量低于 10mm，满足高频率吊装不产生永久塑性变形。

五、发展需求及建议

推动绿色油气田建设，大力推进碳捕集、利用与封存技术，建设"近零排放"油气田示范区是未来的发展趋势。随着油气行业绿色转型升级，井场用电需求也逐步攀升，发电设备配套储能，可对发电机组进行调峰、调频，同时具备黑启动和应急电源作用，提升经济性的同时，也可提高现场供电的稳定性。

限于现有技术和价格等因素，储能系统投资成本高，经济性较差，缺乏成熟的盈利和成本回收模式，未进行大规模应用。随着成本和价格持续下降，以及电池技术的不断突破，储能系统未来将在石油、页岩气压裂领域起到更重要的作用。

第十二节　燃气发电设备

一、产品概况

燃气发电设备是一种利用天然气或其他气体作为燃料进行电力生产的设备，燃气发电设备的应用可以很好地解决压裂井场电力不平衡的问题，尤其是偏远井场电网不发达、容量有限的情况。

燃气发电设备分为往复式机组和燃气轮机发电机组，二者在初期投资、运输便利性、负载响应特性、运维成本，以及噪声等方面各有所长。但总体来看，采用燃气发电＋电动的压裂模式的作业成本较常规柴驱压裂模式有着明显降低。

往复式内燃机发电机组结构较为简单，前期投入较低，但功率密度较小，同等功率下尺寸和重量是燃气轮机的 3 倍以上。

燃气轮机发电机组功率密度大，同等供电需求，场地占用是往复式机组的 1/5～1/3，运输快捷便利；对负载波动有着很好的响应，供电品质远优于往复式发电机组甚至是网电；燃气轮机发电机组的维保周期很长，度电运维费用比往复式机组低 60% 左右。

从运载形式上看，发电机组分为橇装、车装和半挂车装三种形式。受制于道路法规限制，国内油气开采使用的往复式发电机组主要采用橇装形式，在电网应急领域会有部分小功率的车装及半挂车形式的机组；燃气轮机发电机组主要有车装和橇装两种形式。

二、设备现状

1. 国外设备现状

北美电动压裂发展迅猛,哈里伯顿等油服公司的压裂模式主要以燃气发电为主,大量使用低成本井口气,大幅降低了页岩气开发成本,且原则上不再制造和采购柴驱压裂设备。

烟台杰瑞在美国推广应用了 35MW 级燃气轮机发电机组,采用 35MW 级别航改型燃气轮机作为动力源,该机组在北美井场实现 8 小时完成组装并发电作业,可实现在 24 小时内完成转场和安装。机组 ISO 工况的输出功率 33.2MW,最大输出功率可达 35MW,一台机组即可以满足全井场用电需求,目前在美国稳定运行总时长超 30000h(图 3-46)。

图 3-46 烟台杰瑞 35MW 级拖车装燃气轮机发电机组现场作业

2. 国内设备现状

烟台杰瑞针对国内道路状况研制了单车装 6MW 级燃气轮机发电机组,动力源采用的是 6MW 级航改型燃气轮机,整机成套后整体发电效率可达 32.7%。机组输出电制为 10.5kV/50Hz,可以满足绝大多数的电动压裂设备用电需求,无须变压;配置主动消防,近百个点位实时监控机组运行状态;负载自适应集中控制,可满负荷突加突卸,完美适应压裂负载波动特性;一氧化碳及氮氧化物减排超 50%,噪声更低,可实现夜间作业。

截至 2024 年 11 月,机组先后在华北、东北、西南、西北等压裂现场应用超 20 个平台的供电作业,发电量近 $1500 \times 10^4 kW \cdot h$,参与压裂作业层数超过了 1000 层(图 3-47)。

图 3-47 杰瑞车装燃气轮机发电机组现场作业

四川宏华针对非常规油气开发供电需求，自主研发 1~80MW 成套燃气发电系统，可使用井口气、LNG、CNG 等多气源形式，具有发电效率高、低噪声、快速移运、多机并联的特点，整个系统采用国产设备及元器件，将以高效、稳定、安全、高经济性的整体优势取代高成本的进口内燃机组及燃气轮机，达到国内领先水平（图 3-48）。

(a) 12MW级

(b) 40MW级

图 3-48　四川宏华 12MW、40MW 级燃气轮机发电机组现场作业

三、发展需求及建议

电动压裂作业需要电力供应稳定，故燃气发电机组的稳定性及质量的可靠性尤为重要，尤其是对于负载变化的响应能力。随着压裂作业时长的增加，要求提升发电机组的持续运行稳定性、间隔运维时间和运维便利性，以及静音性能。

第四章
相关标准与技术规范

中国陆上油气开发压裂装备相关标准与技术规范目前有16项，其中石油天然气行业标准10项，团体标准6项。按照标准适用范围分为三类，包括压裂成套装备标准、压裂设备整机与部件，以及使用维护与应用规范，本章将逐项介绍。

第一节 压裂成套装备标准

中国陆上油气开发压裂成套装备的标准目前有4项，其中石油天然气行业标准1项，团体标准3项。标准主要内容涉及压裂成套装备的配套、联机试验、检验及应用。

标准明细清单见表4-1。

表4-1 陆上油气开发压裂成套装备标准明细

序号	标准代号	标准名称	备注
1	SY/T 5211—2016	石油天然气钻采设备 压裂成套装备	行业标准
2	T/CPI 11001—2021	石油天然气钻采设备 全电动压裂成套装备制造与配套技术规范	团体标准
3	T/CPI 11008—2021	石油天然气钻采设备 全电动压裂成套装备应用技术规范	团体标准
4	T/CPI 11026—2024	全电动压裂装备配套及应用技术规范	团体标准

一、SY/T 5211—2016《石油天然气钻采设备 压裂成套装备》

行业标准SY/T 5211—2016《石油天然气钻采设备 压裂成套装备》于2016年12月5日由国家能源局发布，2017年5月1日开始实施。

文件规定了压裂成套装备的术语和定义，型号、参数及组成，配套设备要求，联机试验和检验规则。文件适用于石油天然气开采压裂成套装备配备。

文件第4章规定设备的型号、参数及组成，设备的主参数为压裂泵送设备的额定输出功率及最高工作压力等级，组成包括：压裂泵送设备、混砂设备、仪表设备、管汇设备、配液设备、供砂设备、专用工艺配套设备、其他辅助设备等。

文件第5章规定配套设备应满足压裂施工工艺要求，各设备及其之间的连接管线接口数量及接口型式应配套，成套装备之间的通信接口应一致，选用高压管汇元件时应遵循其压力等级不小于设备额定工作压力的原则等基本要求。同时规定压裂泵送设备、混砂设备、仪表设备、管汇设备等设备的基本要求。

文件第 6 章规定设备联机试验，包括安全环保要求、试验条件、试验内容、试验程序等内容。

文件第 7 章规定设备出厂检验的检验项目及判定规则。

该文件的实施，对规范压裂成套装备的配置起到技术支撑作用，实现了压裂成套装备标准化及模块化配置，推动我国压裂设备健康发展。

二、T/CPI 11001—2021《石油天然气钻采设备 全电动压裂成套装备制造与配套技术规范》

团体标准 T/CPI 11001—2021《石油天然气钻采设备 全电动压裂成套装备制造与配套技术规范》于 2021 年 4 月 21 日由中国石油和石油化工设备工业协会发布，2021 年 6 月 1 日开始实施。

文件规定了全电动压裂成套装备的术语和定义、设计、设计验证、材料要求、焊接要求、质量控制、设备、联机试验、文件，以及设备标志、包装、运输、贮存。文件适用于陆地及海洋石油天然气开采用车装或橇装全电动压裂成套装备的设计、制造、检验验收和质量评定。

文件第 4 章规定设计条件、设计强度分析、应力分布和应力集中的简化、设备或零部件的承载能力等。规定了设备的设计应能保证安全运行，能安全地传递载荷，设备的设计工作环境温度为 −20～45℃，如果另有规定或者协议双方另有书面商定，则按协议或商定执行。设备不推荐在低于设计温度时的额定载荷下使用本文件等内容。文件第 5 章设计验证，规定了必须对设备进行设计验证，验证设计和计算的准确性及公正性，以及设计验证的项目，确保设备的安全性和功能性。第 6 章材料要求，规定了主承载件及承压件材料的质量鉴定、性能和工艺要求。第 7 章焊接要求，规定了零件焊接评定、书面文件、焊接控制规程、焊缝质量等要求。第 8 章质量控制，规定了所有质量控制工作应由制造商的书面规范加以控制，包括适用的方法和定量或定性的验收准则、质量控制人员资格、测试和试验设备的要求等内容。

文件第 9 章设备，规定了电动压裂成套装备，包括：电动压裂泵送设备、电动混砂设备、仪表设备、电动配液设备、电动输砂设备、地面管汇设备、混配设备、砂罐等；规定了成套装备、电气设备的基本要求；规定了电动压裂泵送设备、电动混砂设备、电动仪表设备、管汇设备、配液设备、电动输砂设备、监测与控制设备的基本参数、整机要求、部件要求及试验。第 10 章联机试验，规定了安全环保要求、试验条件、试验内容、试验程序等内容。

该文件的实施，对全电动压裂成套装备的设计、设计验证、材料要求、焊接要求、质量控制、设备、使用具有全面的指导意义，对保障压裂设备的安全、可靠、稳定、高效运行具有重要的现实意义。

三、T/CPI 11008—2021《石油天然气钻采设备 全电动压裂成套装备应用技术规范》

团体标准 T/CPI 11008—2021《石油天然气钻采设备 全电动压裂成套装备应用技术规范》于 2021 年 4 月 21 日由中国石油和石油化工设备工业协会发布，2021 年 6 月 1 日开始实施。

文件规定了全电动压裂成套装备配置和现场应用技术要求。文件适用于全电动压裂成套装备配置及应用。

文件第 4 章设备配置，规定成套装备的作业环境、设备噪声值应低于 95dB，设备防雷、电磁兼容、防护等级等基本要求；规定了成套装备中供电设备、变频驱动设备、电动压裂泵送设备、电动混砂设备、电动混配设备、电动输砂设备、电动供液设备、仪表监测设备、管汇设备等的技术要求。第 5 章安全技术措施，规定了设备高压用电要求及 HSE 要求。第 6 章现场应用技术要求，规定了现场应用的电源容量的计算公式，电力接入、设备安装、现场调试、压裂作业等技术要求。

该文件的实施，对全电动压裂成套装备使用具有全面的指导意义，对保障电动压裂成套装备的安全、可靠、稳定、高效运行具有重要的现实意义。

四、T/CPI 11026—2024《全电动压裂装备配套及应用技术规范》

团体标准 T/CPI 11026—2024《全电动压裂装备配套及应用技术规范》于 2024 年由中国石油和石油化工设备工业协会发布。

文件规定了全电动压裂装备配套、现场应用技术要求和安全技术要求。文件适用于陆上全电动压裂装备配套及应用。

文件第 4 章全电动压裂装备配套，规定了组成包括电动压裂泵送设备、电动混砂设备、仪表设备、电动混配设备、电动供液（酸）设备、电动储供砂设备、供配电系统和辅助配套设备等；规定了使用环境、设备输入电压、接地、防雷等基本要求；规定了成套装备中供电设备、变频驱动设备、电动压裂泵送设备、电动混砂设备、电动混配设备、电动输砂设备、电动供液设备、仪表监测设备、管汇设备等的技术要求。第5章现场应用技术要求，规定了设备高压用电要求及HSE要求。第6章现场应用技术要求，规定了现场应用的电源容量的计算公式，设备配置、井场布局、设备安装、现场调试、压裂作业等技术要求。第7章安全技术要求，规定了设备安全用电操作、应急处置、电气火灾、电力跳闸等内容。

该文件集成了国内多家压裂工程服务单位和专业石油装备制造企业的技术实践，该文件的发布，为我国石油石化装备向高端化、智能化、绿色化发展，进一步推动国内非常规油气高效勘探开发注入强劲动力。

第二节　整机与部件标准

中国陆上油气开发压裂成套装备的整机与部件标准目前有8项，其中石油天然气行业标准6项，团体标准2项。标准主要内容涉及压裂泵送设备、混砂设备、仪表设备、固井压裂柱塞泵、高压管汇等设备。标准明细清单见表4-2。

表4-2　整机与部件标准明细

序号	标准代号	标准名称	备注
1	SY/T 5072—2017	石油天然气钻采设备　仪器车通用技术条件	行业标准
2	SY/T 5534—2019	石油天然气钻采设备　油气田专用车通用技术规范	行业标准
3	SY/T 7015—2020	石油天然气钻采设备　固井压裂柱塞泵	行业标准
4	SY/T 7086—2016	石油天然气工业　钻井和采油设备　压裂泵送设备	行业标准
5	SY/T 7334—2016	石油天然气钻采设备　混砂设备	行业标准
6	SY/T 7610—2020	石油天然气钻采设备　高压管汇的在线检测与监测技术规范	行业标准
7	T/CPI 11011—2022	石油天然气钻采设备　电动混砂设备	团体标准
8	T/CPI 11012—2022	石油天然气钻采设备　电动压裂泵送设备	团体标准

一、SY/T 5072—2017《石油天然气钻采设备　仪器车通用技术条件》

行业标准SY/T 5072—2017《石油天然气钻采设备　仪器车通用技术条件》于2017年11月15日由国家能源局发布，2018年3月1日开始实施。

文件规定了由各种汽车底盘改装的石油天然气钻采设备用仪器车辆的技术要求、试验方法、检验规则和标志、运输与保管。文件适用于石油天然气行业仪器车的设计、制造和质量检验。

文件第 3 章规定设备的型号表示方法。第 4 章技术要求规定设备在制造中应按设计图纸及技术文件制造；规定所用原材料应有合格证书，并符合国家标准或行业标准的规定。外购件、外协件应有产品合格证，并符合有关技术标准的要求。所有金属构件，包括车身骨架和蒙皮钢质构件，内、外表面应进行防腐处理。文件第 5 章规定试验方法，规定设备气路系统密封性试验、外观质量检验、外形尺寸检验、型式试验及性能试验等内容。第 6 章规定设备检验项目及判定规则。

该文件的实施，对规范设备的设计、制造、试验和检验起到技术支撑作用，实现了仪表车产品的系列化、标准化，以及模块化，推动我国压裂设备健康发展。

二、SY/T 5534—2019《石油天然气钻采设备 油气田专用车通用技术规范》

行业标准 SY/T 5534—2019《石油天然气钻采设备 油气田专用车通用技术规范》于 2019 年 11 月 4 日由国家能源局发布，2020 年 5 月 1 日开始实施。

文件规定了油气田专用车的定义和分类、一般要求、整车要求、部件及系统要求、安全防护要求、环保要求、专用作业装置要求、试验方法、检验规则、技术文件、运输和贮存。文件适用于从事油气田勘探、开发等专项工程作业的车辆。

油气田专用车指用于油气田勘探、开发等工程作业，且总质量为整备质量 1.2 倍以下的专用作业汽车、专用作业挂车和专用作业底盘。文件第 4 章分类规定了设备按用途分类可分为修井机、钻机车、压裂车等；按结构类型分类可分为专用作业汽车、专用作业挂车和专用作业底盘；按质量参数和尺寸参数分类可分为常规型专用车和超限型专用车。第 5 章一般要求规定设备焊接质量、铸铁件、碳素钢等应符合相应的国家文件、行业文件和设计图纸的规定。第 6 章整车要求规定了标记及车辆识别代号、总质量、外廓尺寸、轴荷等要求。第 7 章部分及系统要求，规定发动机和驱动电机、转向系、制动系等要求。第 8 章规定了传动轴、间接视野装置、前风窗玻璃等要求。

三、SY/T 7015—2020《石油天然气钻采设备 固井压裂柱塞泵》

行业标准 SY/T 7015—2020《石油天然气钻采设备 固井压裂柱塞泵》于 2020 年 10 月

23 日由国家能源局发布，2021 年 2 月 1 日开始实施。

文件规定了石油天然气钻采设备用固井压裂作业泵的术语和定义，常用计算公式，型号编制规则，泵方向及液缸号规定，信息确认，主要零部件，要求，主要零部件材料，焊接，检测，试验，标志和表面保护，出厂文件、贮存、包装和运输要求及使用规范。文件适用于油气井（其中也包括页岩气、煤层气、可燃冰等）固井、压裂、酸化、防砂、砾石充填、压井、洗井等作业用的柱塞泵。文件适用于固井压裂柱塞泵的设计制造方和使用方。

文件第 5 章规定设备的型号编制规则，设备的基本参数为制动功率。第 6 章泵方向及液缸号规定，人站在泵液力端处且面向泵动力端，左边方向为泵左侧；人站在泵液力端处且面向泵动力端，右边方向为泵右侧。第 9 章要求，规定了柱塞泵的性能要求、设计要求及吊装要求。第 10 章主要零部件材料，规定了材料规范、材料验证及材料的质量控制。第 13 章试验，规定了型式试验、出厂试验及试验记录的内容。

该文件的实施，对规范柱塞泵的设计、制造、试验和检验起到技术支撑作用，实现了设备产品的系列化、标准化，以及模块化。

四、SY/T 7086—2016《石油天然气工业　钻井和采油设备　压裂泵送设备》

行业标准 SY/T 7086—2016《石油天然气工业　钻井和采油设备　压裂泵送设备》于 2016 年 1 月 7 日由国家能源局发布，2016 年 6 月 1 日开始实施。

文件规定了柴驱压裂泵送设备的范围、术语和定义、型式、型号与基本参数、要求、试验、检验规则、标志、包装、运输和贮存；适用于陆地及海洋石油天然气开采用车装、橇装及半挂拖装柴驱压裂泵送设备的设计、制造、试验和检验。

文件第 4 章规定设备的型式按运载方式分为车装式、半挂拖装式和橇装式三种，设备的基本参数为最大输出功率及额定工作压力。文件第 5 章要求设备在制造中应符合相关国家文件、行业文件和设计图纸的规定；规定用于制造设备的原材料、标准件、外购件按照国家文件、行业文件的相关规定应有质量证明文件，并检验合格；设备整机部件应布置合理、使用安全可靠，便于保养维修，车装式和拖挂式的压裂泵送设备，整机质心应配置合理，底盘车的前、后桥载荷分布应符合规定；同时规定了设备主要部件柱塞泵、动力系统、散热系统、吸入管汇、排出管汇、安全系统、操作控制系统、运载底盘或橇架、液压系统、气控系统、电路系统及计算机系统等的技术要求。

文件第 6 章规定设备试验，包括试验条件、试验方法（含试验大纲）、整机试验，以及工业性试验。第 7 章规定设备型式检验、出厂检验的检验项目及判定规则。第 8 章规定标志、包装、运输、储存的要求。

该文件的实施，对规范设备的设计、制造、试验和检验起到技术支撑作用，实现了压裂设备产品的系列化、标准化，以及模块化，推动我国压裂设备健康发展。

五、SY/T 7334—2016《石油天然气钻采设备 混砂设备》

行业标准 SY/T 7334—2016《石油天然气钻采设备 混砂设备》于 2016 年 12 月 5 日由国家能源局发布，2017 年 5 月 1 日开始实施。

文件规定了柴驱混砂设备的范围、术语和定义、型式、型号与基本参数、要求、试验、检验规则、标志、包装、运输和贮存；适用于石油天然气开采用车装、橇装及半挂拖装柴驱混砂设备的设计、制造、试验和检验。

文件第 4 章规定设备的型式按运载方式分为车装式、橇装式和半挂拖装式三种，设备的基本参数为额定流量、最大输砂量和额定排出压力。文件第 5 章要求设备在制造中应符合相关国家标准、行业标准和设计图纸的规定；用于制造设备的原材料、标准件、外购件按照国家标准、行业标准的相关规定应有质量证明文件，并检验合格；设备整机部件应布置合理、使用安全可靠，便于保养维修，车装式和拖挂式的混砂设备，整机质心应配置合理，底盘车的前、后桥载荷分布应符合规定；同时规定了设备主要部件动力系统、传动系统、吸入、排出系统、输砂系统、混合系统、添加剂系统、液压系统、气路系统、电气系统、运载底盘或橇架的技术要求。

文件第 6 章规定设备试验，包括试验条件、试验方法（含试验大纲）、整机试验，以及工业性试验的要求。第 7 章规定设备型式检验、出厂检验的检验项目及判定规则。第 8 章规定标志、包装、运输、储存的要求。

该文件的实施，对规范设备的设计、制造、试验和检验起到技术支撑作用，实现了混砂设备产品的系列化、标准化，以及模块化，推动了混砂设备健康发展。

六、SY/T 7610—2020《石油天然气钻采设备 高压管汇的在线检测与监测技术规范》

行业标准 SY/T 7610—2020《石油天然气钻采设备 高压管汇的在线检测与监测技术规范》于 2020 年 10 月 23 日由国家能源局发布，2021 年 2 月 1 日开始实施。

文件规定了额定压力为 35～140MPa 地面钻采设备用高压管汇在线检测与监测时机及推荐的检测方法、要求、流程、评估方法、结果复查及检测记录和报告。文件所推荐的在线检测及监测方法不可替代离线检测，高压管汇的综合评估应按 SY/T 6270—2017《石油天然气钻采设备　固井、压裂管汇的使用与维护》的要求执行。文件适用于油气田钻井、固井、完井、压裂、地面测试等施工作业用的铁磁性材料高压管汇。

文件第 4 章在线检测与监测时机及方法，规定在高压管汇组装后施工前、管件部件更换后等情况下进行检测，检测方法推荐采用磁记忆法，验证性确认采用超声波测厚法等无损检测方法。第 5 章在线检测与监测要求，规定了检测系统性能、功级要求，检测仪器核准要求、检测人员资格要求等内容。第 6 章在线检测流程与监测流程，规定了检测对象推荐将高压管汇汇集区段、连接活动活接头等作为重点检测区域，同时规定了在线检测流程。第 7 章在线检测与监测评估方法，规定了高压管汇风险等级评估、高压管汇检测磁记忆信号分析等内容。

该文件的实施，对规范高压管汇的在线检测及监测方法提供了支撑作用，实现了高压管汇设备检测的标准化。

七、T/CPI 11011—2022《石油天然气钻采设备　电动混砂设备》

团体标准 T/CPI 11011—2022《石油天然气钻采设备　电动混砂设备》于 2022 年 6 月 15 日由中国石油和石油化工设备工业协会发布，2022 年 7 月 1 日开始实施。

文件规定了电动混砂设备的型式、型号与基本参数、要求、试验、检验规则、标志、包装、运输和贮存；适用于陆地及海洋石油天然气开采用车装、橇装及半挂拖装电动混砂设备的设计、制造、试验和检验。

文件第 4 章规定设备的型式按运载方式分为车装式、橇装式和半挂拖装式三种，设备的基本参数为额定流量、最大输砂量和额定排出压力。文件第 5 章要求设备在制造中应符合相关国家标准、行业标准和设计图纸的规定；设备整机部件应布置合理、使用安全可靠，便于保养维修，车装式和拖挂式的混砂设备，整机质心应配置合理，底盘车的前、后桥载荷分布应符合规定；同时规定了设备主要部件运载底盘或橇架、电动机、变频控制系统、电器控制系统、吸入排出系统、输砂系统、混合系统、添加剂系统、液压系统的技术要求。

文件第 6 章规定设备试验，包括试验条件、试验方法（含试验大纲）、整机试验，以及工业性试验的要求。第 7 章规定设备型式检验、出厂检验的检验项目及判定规则。第 8 章规定标志、包装、运输、储存的要求。

该文件的实施，对规范设备的设计、制造、试验和检验起到技术支撑作用，实现了电动混砂设备产品的系列化、标准化，以及模块化。

八、T/CPI 11012—2022《石油天然气钻采设备　电动压裂泵送设备》

团体标准 T/CPI 11012—2022《石油天然气钻采设备　电动压裂泵送设备》于 2022 年 6 月 15 日由中国石油和石油化工设备工业协会发布，2022 年 7 月 1 日开始实施。

文件规定了电动压裂泵送设备的型式、型号与基本参数，要求，试验，检验规则，标志、包装、运输和贮存。文件适用于陆地及海洋石油天然气开采用车装、橇装及半挂拖装电动压裂泵送设备的设计、制造、试验和检验。

文件第 4 章规定设备的型式按运载方式分为车装式、半挂拖装式和橇装式三种，设备的基本参数为最大输出功率及额定工作压力。文件第 5 章要求设备在制造中应符合相关国家文件、行业文件和设计图纸的规定；规定用于制造设备的原材料、标准件、外购件按照国家文件、行业文件的相关规定应有质量证明文件，并检验合格；设备整机部件应布置合理、使用安全可靠，便于保养维修，车装式和拖挂式的压裂泵送设备，整机质心应配置合理，底盘车的前、后桥载荷分布应符合规定；同时规定了设备主要部件运载底盘或橇架、主电动机、变频控制房、高压电气设备、传动系统、柱塞泵、散热系统、液压系统、吸入管汇、安全系统、操作控制系统、电路系统及计算机系统的技术要求。

文件第 6 章规定设备试验，包括试验条件、试验方法（含试验大纲）、整机试验，以及工业性试验。第 7 章规定设备型式检验、出厂检验的检验项目及判定规则。第 8 章规定标志、包装、运输、储存的要求。

该文件的实施，对电动压裂泵送设备的基本参数、部件技术要求、试验验证等进行了规范，规范国内压裂装备生产厂家在生产制造过程中的技术要求，能够保障压裂装备的配套水平，从而提升装备的综合性能。

第三节　使用维护与应用规范

中国陆上油气开发压裂成套装备的使用与应用标准及规范目前有 4 项，其中石油天然气行业标准 3 项，团体标准 1 项。标准主要内容涉及压裂泵送设备、混砂设备、高压管汇的使用、维护、评价及应用。规范明细清单见表 4-3。

表 4-3 使用维护与应用规范明细

序号	标准代号	标准名称	备注
1	SY/T 6270—2017	石油天然气钻采设备 固井、压裂管汇的使用与维护	行业标准
2	SY/T 7427—2018	石油天然气钻采设备 混砂设备使用及维护	行业标准
3	SY/T 7461—2019	石油天然气钻采设备 压裂泵送设备使用及维护	行业标准
4	T/CPI 13003—2023	石油天然气钻采设备 高压管汇使用、维护与检验	团体标准

一、SY/T 6270—2017《石油天然气钻采设备 固井、压裂管汇的使用与维护》

行业标准 SY/T 6270—2017《石油天然气钻采设备 固井、压裂管汇的使用与维护》于 2017 年 11 月 15 日由国家能源局发布，2018 年 3 月 1 日开始实施。

文件规定了额定压力为 35～140MPa 的石油天然气钻采设备固井、压裂施工作业管汇的安装使用技术要求、维护保养要求、检测程序和方法、贮存和运输。文件适用于油田固井、压裂（包括井工厂压裂）等施工作业用的管汇及以下管汇元件：阀门（旋塞阀、单向阀、闸阀、节流阀、紧急切断阀）、压裂头、活动弯头、刚性管线、活接头总成、各种异形整体接头（包括 L 形接头、T 形三通、十字形四通、歧管三通、Y 形三通、爪形四通）、法兰、密封垫环、螺栓、螺母、安全卡箍、安全软绳。

文件第 4 章安全使用技术要求，规定了高压管汇使用前要进行目视检查、配置超压保护装置等要求，所有管汇安装时不应强行安装，连接后应使用安全卡箍和安全软绳捆绑等安装要求；使用时管汇元件工作压力建议不超过其额定工作压力的 90%；使用后记录管汇元件的使用时间、砂量、液量、压力等参数，将参与施工的管汇及管汇元件进行分类、检测、保养、储存。第 5 章维保保养要求，规定每次作业后，对管汇进行常规维护保养，不应有可见的裂纹，承压件本体不应有明显的冲蚀。

该文件的实施，对规范高压管汇的安全使用、维护保养提供了支撑作用，实现了高压管汇设备的安全应用。

二、SY/T 7427—2018《石油天然气钻采设备 混砂设备使用及维护》

行业标准 SY/T 7427—2018《石油天然气钻采设备 混砂设备使用及维护》于 2019 年 10 月 29 日由国家能源局发布，2019 年 3 月 1 日开始实施。

文件规定了混砂设备的使用、维护保养、HSE 管理及安全要求。文件适用于石油天然气压裂作业的混砂设备的使用及维护。

文件第 3 章规定设备的基本参数、系列代号及设备组成，设备的基本参数为额定流量、最大输砂量和额定排出压力，设备主要组成包括：动力系统、传动系统、吸入排出系统、输砂系统、混合系统、添加剂系统、液压系统、气路系统、电气系统及运载底盘或橇架。第 4 章设备使用，规定了施工前的准备、启动前的准备、启动及检查、施工中使用及检查、施工后的要求。第 5 章维护保养，规定了设备维护类别及周期、设备的日常维护、一级维护、二维维护、三级维护的内容。

本标准针对混砂设备的行业现状，确定了设备的使用、维护保养、HSE 管理及安全要求，适用于混砂设备的使用及维护。

三、SY/T 7461—2019《石油天然气钻采设备 压裂泵送设备使用及维护》

行业标准 SY/T 7461—2019《石油天然气钻采设备 压裂泵送设备使用及维护》于 2019 年 11 月 4 日由国家能源局发布，2020 年 5 月 1 日开始实施。

文件规定了压裂泵送设备的使用、维护保养、HSE 管理及安全要求。文件适用于石油天然气压裂作业的压裂泵送设备的使用及维护。

文件第 3 章规定设备的基本参数、系列代号及设备组成，设备的基本参数为最大输出功率及额定工作压力，设备主要组成包括：运载底盘或橇架、动力系统、冷却系统、柱塞泵、吸入管汇、排出管汇、液压系统、气路系统、润滑系统、安全系统、控制系统。第 4 章设备使用，规定了施工前的准备、启动前的准备、启动及检查、施工中使用及检查、施工后的要求。第 5 章维护保养，规定了设备维护类别及周期、设备的日常维护、一级维护、二维维护、三级维护的内容。

本标准针对压裂泵送设备的行业现状，确定了设备的使用、维护保养、HSE 管理及安全要求，适用于压裂泵送设备的使用及维护。

四、T/CPI 13003—2023《石油天然气钻采设备 高压管汇使用、维护与检验》

团体标准 T/CPI 13003—2023《石油天然气钻采设备 高压管汇使用、维护与检验》于 2023 年 6 月 5 日由中国石油和石油化工设备工业协会发布，2023 年 7 月 1 日开始实施。

文件规定了额定压力为 35~175MPa 的石油天然气钻采设备高压管汇及元件使用、维护与检验的要求。文件适用于陆上石油天然气钻井、固井、压裂酸化、测试、修井等施工作业用的管汇及管汇元件，海洋石油天然气钻井、固井、压裂酸化、测试、修井等施工作业用的管汇及管汇元件可参照执行。

文件第 4 章安装使用，规定了高压管汇使用前要进行目视检查、配置超压保护装置等要求，所有管汇安装时不应强行安装，连接后应做好防护；使用时管汇元件工作压力建议不超过其额定工作压力的 80%；使用后记录管汇元件的使用时间、砂量、液量、压力等参数，将参与施工的管汇及管汇元件进行分类、检测、保养、储存。第 5 章维护保养要求，规定每次作业后，要对管汇进行常规维护保养，不应有可见的裂纹，承压件本体不应有明显的冲蚀。

该文件的实施，对规范高压管汇的安全使用、维护保养提供了支撑作用，实现了高压管汇设备的安全应用。

第五章
主要企业简介

中石化石油机械股份有限公司

中石化石油机械股份有限公司（简称"石化机械"），本部设在武汉东湖新技术开发区。公司下属企业包括江汉石油钻头股份有限公司（上市公司）、三机公司、四机公司、钢管分公司、四机赛瓦石油钻采设备有限公司（中美合资公司）、氢能装备分公司、石油机械研究院和天然气项目部。拥有"kingdream""sjpetro""沙管""SERVA"等世界知名品牌，是中国重要的石油机械装备制造基地。

石化机械以企业技术中心为基础，建立了多级、多专业协作的科研组织体系，承担国家、省部级项目140余项，其中国家级项目10项，荣获国家科技进步奖3项、省部级以上科技奖励30多项；拥有有效专利1050件，软件著作权182件；制修订60余项国家、行业标准，是国家高新技术企业、国家认定企业技术中心、国家工程研究中心、全国钻采专标委固压设备标准工作部等。固井压裂设备、牙轮钻头是国家制造业单项冠军示范企业，桥塞入选国家制造业单项冠军产品。石化机械是国家油气钻采设备质量检验检测中心，通过API/ISO 9001质量体系双认证，产品取得API 7K、API 7-1、API 8C、API 4F、API 6A、API 16A、API 16C、API 5L、API 11B、API 11E等相应证书，通过CCS、DNV、ABS、Llody's等机构型式与过程认证，拥有特种设备无损检测B级机构等资质，共有效持证52项，产品质量与国际接轨。

下属的中石化四机石油机械有限公司（简称"四机公司"）是中国石油化工集团有限公司控股子公司"中石化石油机械股份有限公司"的全资子公司，是专业从事石油钻采装备制造的国有大中型企业（图5-1）。四机公司1941年始建于兰州，1970年搬迁到荆州。1980年首家从美国引进修井机、水泥车和压裂机组等7项制造技术，试制出国产首台修井机、自动混浆水泥车和首套大功率压裂机组；进入21世纪，大力实施"引智借脑"工程，搭建产、学、研、用一体的国际化研发平台，建立了品种规格较为齐全的产品结构体系和完善的技术创新体系。通过国际合作开展创新研究，先后承担国际上功率最大的压裂机组、井工厂高效自动化钻机等国家、集团公司和湖北省重大科技项目，获国家专利200多项，形成了具备自主知识产权的固井压裂设备、钻机、修井机、海洋石油设备和高压管汇元件五大类产品群。四机公司被认定为"国家级企业技术中心"，被评为全国文明单位、全国制造业单项冠军示范企业，获国家科技进步二等奖。

图 5-1　中石化四机石油机械有限公司

2000 年以来，四机公司先后 4 次进行大规模技术改造，完成了"固井压裂设备国产化基地"改造，建成了高压管汇件、泵等 7 条流水生产线，建成了钻修井机综合性能试验场、固井压裂设备综合性能测试实验室、水压测试中心，通过了国家实验室认可与计量认证，取得了 ISO 9001 和 API 双认证，建立了 HSE 管理体系。四机公司顺利通过了国家实验室认可与计量认证，被评为"全国用户满意服务单位"。石油钻机荣获"中国名牌产品"称号，固井水泥车和修井机系列产品和高压管汇产品被认定为"湖北名牌"。固井水泥车被评为"全国用户满意产品"。

坚持"先修保运转、后理分责任"的服务准则，以敬畏之心对待市场，坚持以感恩情怀服务用户，在国内油田建立 22 个常驻技术服务部，以经受国际高端市场检验和洗礼的新产品，反哺国内用户，产品覆盖全国各陆上油田、海洋油田所属单位，并保持了较高的市场占有率；在国外主要产油区建立常驻服务站和 4S 服务体系，产品先后出口到美国、加拿大、独联体、北非等 30 多个国家和地区。四机公司是国内出口钻、修井机数量最多的企业，在追赶和超越世界知名品牌的艰辛跋涉中，赢得了客户与同行们的广泛尊重。

四机公司的发展过程，是中国石油机械制造从无到有、由弱到强的一个缩影，长期以来，备受各级领导的关心与支持。面对新的发展机遇和严峻挑战，四机公司将始终以向用户提供精良装备与服务为己任，坚持奉行"为者常成，行者常至"的朴素哲学，直面新挑战，昂首新征程，朝着建设"世界一流的能源装备制造服务品牌老店"的宏伟目标迈进，为国家振兴装备制造业作出新的更大贡献。

四机赛瓦石油钻采设备有限公司（简称"四机赛瓦"）是中石化石油机械股份有限公司和美国赛瓦集团公司共同投资组建的中美合资企业，是一家以优良技术、产品及服务质量而驰名业界的石油钻采设备研究和生产制造企业。四机赛瓦主要生产石油固压（酸化）成套设备、石油特种车辆（仪表车、液氮泵车）、井下作业工具、固井压裂柱塞泵、石油装备自动化控制产品及软件（固井车混浆单元、压裂车控制系统、油田网络视频监控系统）。

四机赛瓦先后获得高新技术企业、湖北省五一劳动奖状、"外商投资技术企业"和"湖北省引进国外智力示范单位"等殊荣，具有较强的技术研发能力，拥有专利207项，其中发明专利52项，先后承担"十三五"重大专项子课题、成套深水固井设备项目、压裂控制装置研制项目等多项科研项目，在武汉成立有智能控制分公司，主要从事石油装备控制系统及智能化数字化项目研发制造，自主研发的高性能混浆和密度自动控制系统等固井核心技术目前已在我国海洋油田市场得到推广应用。

成立有独立运行的井下工具事业部，是世界第五家取得"封隔器和桥塞API产品认证证书"的生产主体，主营产品包括桥塞、水泥承留器、坐封工具、封隔器等完井工具，以及连续油管井下工具，能为各种不同类型的井型和井况提供完井工具一体化解决方案，产品广泛应用于30多个国家和地区。井下工具事业部生产的拥有自主知识产权的复合材料桥塞产品，累计使用近万套，实现单项成本降低85%，"桥塞国产化研制应用"案例也因助力国家新能源战略走上央视荧幕《对话》栏目。

烟台杰瑞石油装备技术有限公司

烟台杰瑞石油装备技术有限公司（简称"烟台杰瑞"）作为烟台杰瑞石油服务集团股份有限公司（股票代码SZ002353）的全资子公司，是集高端油气开发装备的研发、生产、销售、服务于一体的高新技术企业。作为专业的能源装备解决方案引领者，烟台杰瑞能够向客户提供全套油气田开发解决方案和模块化交付，并基于非常规能源开发不断推出尖端产品。烟台杰瑞电动压裂设备、涡轮压裂设备进入国家重大技术装备简报；2020年，压裂设备成功入选单项冠军产品名单。2022年，杰瑞入围中国质量协会全国质量标杆企业名单。烟台杰瑞凭借"实施PQM项目质量管理的经验"荣登"过程控制方向"榜单。

杰瑞高端油气田装备涵盖完井成套装备、增产装备及高压流体产品三大类，主营业务分为：油气装备解决方案提供、客户应用管理服务、油田配件供应、海工装备提供、新动能方案提供。烟台杰瑞在高端装备制造领域拥有多项"世界首套"，在2014年发布了世界首台大功率涡轮压裂车；2019年，发布了首个电动压裂成套设备；由杰瑞自主研发设计并拥有自主知识产权的35MW移动式燃气轮机发电机组，已经成功交付北美客户，帮助客户解决电动压裂现场供电难的问题；2023年5月份发布了世界首台电动智能连续油管设备，目前已经在胜利油田国家页岩油示范区成功应用。

烟台杰瑞始终秉承创新理念，自主研发的智能井场数字化集控系统，通过深度融合虚拟仿真、数字建模等技术，实现了压裂全流程实景模拟；数字化集控指挥中心，配备了一键压裂系统，实现了压裂、混砂、混配、供液、供砂、管汇等全流程的一键启动和协同作业，大大提升了压裂整体效率。

在新兴领域，烟台杰瑞持续突破，已经成功研制应用燃气轮机发电机组、储能产品、无杆采油装置。目前，烟台杰瑞已经成为油气行业发展的领跑企业，遍布全球70多个国家和地区的实践应用，以实力赢得客户的认可、信赖与支持。未来，烟台杰瑞将步履不停，踔厉奋发，源源不断地为全球用户创造最大价值。

三一能源装备有限公司

三一能源装备有限公司（简称"三一能源"）定位为三一集团核心能源业务板块，成立于 2013 年，是一家从事油气田成套装备研发与制造、EPC 总包和油田技术服务的专业化公司，国家高新技术企业、国家知识产权优势企业、国家专精特新"小巨人"，曾获湖南省制造业单项冠军、北京科技进步二等奖、省企业技术中心等多项荣誉，授权有效专利累计 650 余项。在北京、长沙、株洲、成都、克拉玛依均设有研发制造、油田服务基地，设备生产能力、生产环境及自动化水平均为行业领先。

三一能源致力于为客户提供安全、高效、智能、环保的成套石油装备与综合解决方案及一体化服务。核心板块业务聚焦于完井增产、钻采自动化、油田工程、天然气工程、后市场业务等业务板块，力争依托三化战略转型，创造一个世界领先的油气装备品牌。现拥有行业最全系列成套压裂设备（机械、液压、电驱），混砂设备、混配设备、仪器仪表设备、连续油管设备、固井设备、输砂设备、变频及变配电设备、钻修井自动化设备、高压管汇产品、大型成套压裂机组集成网络控制等自主核心技术及产品。在西南、西北、华北、东北等多个油气田开发区域大量应用，创造多项施工纪录。目前已形成常规柴驱成套压裂装备、电驱成套压裂装备机组、全套钻修机自动化设备的批量化生产和应用，为油气田工程提供电动化、标准化、数字化的绿色、低碳、高效解决方案。

三一能源秉承三一集团"先做人，后做事，品质改变世界"的核心理念，通过研发、制造、服务、管理的全面创新，为客户提供世界顶级水平的产品。其愿景是要成为能源行业的绿巨人，全力发挥"中国制造"的"高端、高难、高技术密度"的石油装备在捍卫国家能源安全中的作用，再造一张石油装备行业的"中国名片"（图 5-2）。

图 5-2　三一能源装备有限公司

四川宝石机械专用车有限公司

四川宝石机械专用车有限公司（简称"宝石专用车"）位于四川省广汉市，占地面积约146.8亩（约97867平方米），前身是1958年成立的四川石油管理局南充汽车修理厂。2009年10月，按照中国石油天然气集团公司重组部署，整合至宝鸡石油机械有限责任公司。2011年10月，更名为宝石专用车机械专用车有限公司，成为独立法人企业。

目前，宝石专用车是宝石机械旗下的全资子公司，是一家集研发、制造、集成、销售、服务为一体的油气装备企业，业务涵盖固井压裂设备、固控设备、油田用密封件等几大产品业务，以及压裂设备运维及平台技术总包等1个服务业务，全力打造服务型制造标杆企业。

宝石专用车已经形成了全系列、全井场的柴驱/电驱压裂设备，能够为用户提供压裂井场一体化解决方案，实现了压裂装备的系列化研制及工程应用，总体性能达到国际同类产品先进水平。宝石专用车为中国石油天然气集团公司唯一的固压装备制造基地，具备年产300台套固压设备、600台套泵阀箱的生产制造能力。根据固压产品系列化、智能化发展的实际需求，建有1个固压设备测试中心，可满足最多同时测试12台柴驱压裂设备和2台柴驱混砂设备的联合测试；同时，该测试中心用电功率设计容量达10000kV·A，可满足最多同时4台电驱动压裂设备及1台电驱动混砂设备的联合测试，综合测试能力是目前全亚洲最大、最先进的数字化、智能化压裂设备测试中心。

宝石专用车积极推动绿色低碳转型，有序推进油气装备和新能源融合发展，做好科研技术储备，助力"双碳"目标实现；以坚定不移建设国内领先的固压、固控综合性能源装备集成服务商为目标，在推动企业高质量发展道路上继续乘风揽月、破浪前行（图5-3）。

图5-3　四川宝石机械专用车有限公司

四川宏华电气有限责任公司

四川宏华电气有限责任公司（简称"四川宏华"）成立于2001年，隶属于东方电气集团宏华集团有限公司，是国务院国资委建设世界一流专业领军示范企业全国200家之一。四川宏华作为专业的电动压裂成套设备设计、生产、服务供应商，2023年入选国资委专业领军示范企业创建名单，是国家高新技术企业、国家级专精特新"小巨人"企业（第一批）。

四川宏华深耕电气化、数字化高端油气钻采装备，致力于为用户提供专业的油气工程装备、技术服务、电力工程技术服务、新能源EPC总包服务。在成都及广汉两地建有院士（专家）创新工作站、西南石油大学博士后科研流动站。拥有近5万平方米的特种电机、压裂装备总装测试厂房及试验场，可完成系列电动压裂装备的生产装配、维修保养及功能测试的能力。研制的钻机电气和控制设备，遍布全球近70个国家和地区；120余万水马力的电动压裂装备分布于国内非常规油气产区；数字化钻井、数字化压裂、储能+数字化等产品得到了全球高端客户的认可。

四川宏华累计获得知识产权有效专利逾170项，其中发明专利45项；软件著作权35件；编制了团体标准T/CPI 11008—2021《石油天然气钻采装备　全电动压裂成套装备应用技术规范》。自主研发的HH6000-02电动压裂系统总体技术被评价为国际先进水平，获中国石油和化学工业联合会技术发明奖三等奖、"中国好设计"银奖等荣誉，被认定为省重大技术装备国内首台（套）产品。

四川宏华拥有专业技术服务团队和电动压裂服务队伍，拥有各类型电动压裂设备200余台，可满足20余个全电动压裂平台施工的服务需求。在中国、美国、埃及、阿联酋、委内瑞拉等国家和地区设立服务网点，形成了专业的技术保障团队，可高效解决各类应用问题（图5-4）。

图5-4　四川宏华电气有限责任公司

参 考 文 献

[1] 自然资源部. 全国石油天然气资源勘查开采通报（2020年度）[EB/OL]. （2021-09-17）[2024-02-15]. http://gi.m.mnr.gov.cn/202109/t20210918_2681270.html.

[2] 胡文瑞，张书通，徐思源，等. 中国油气田开发实践、挑战与展望[J]. 中国石油勘探，2024，29（5）：1-11.

[3] 谢永金，王峻乔，吴汉川，等. 超高压大功率成套压裂装备技术与应用[M]. 北京：石油工程出版社.

[4] 雷群，翁定为，才博，等. 中国石油勘探压裂技术进展、关键问题及对策[J]. 中国石油勘探，2023，28（5）：15-27.

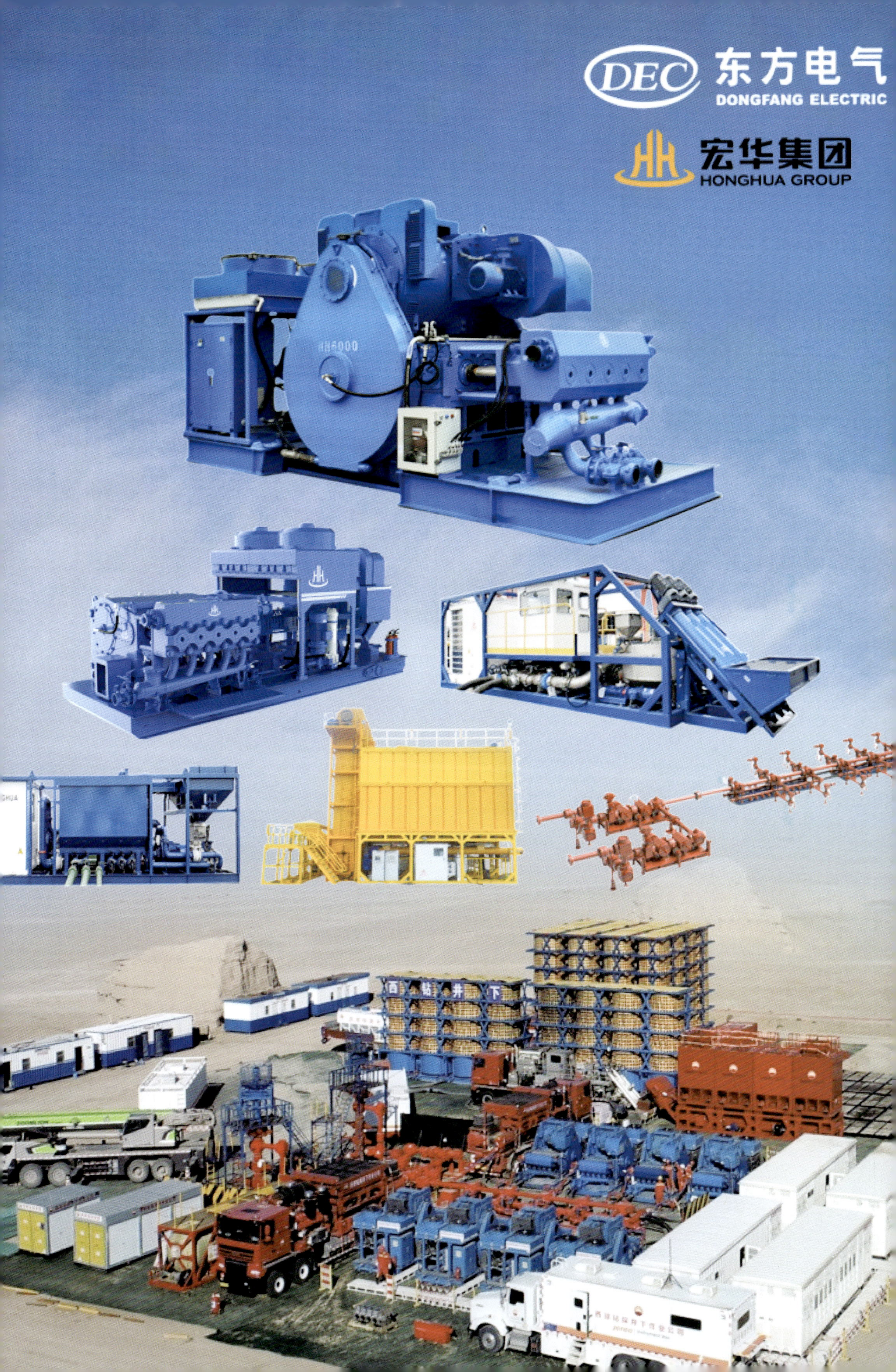
DEC
东方电气
DONGFANG ELECTRIC
宏华集团
HONGHUA GROUP
HH6000

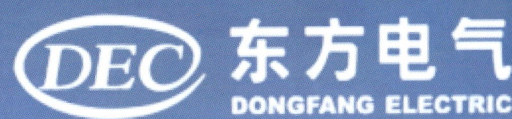

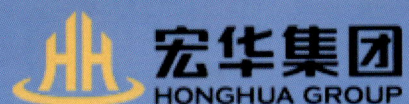

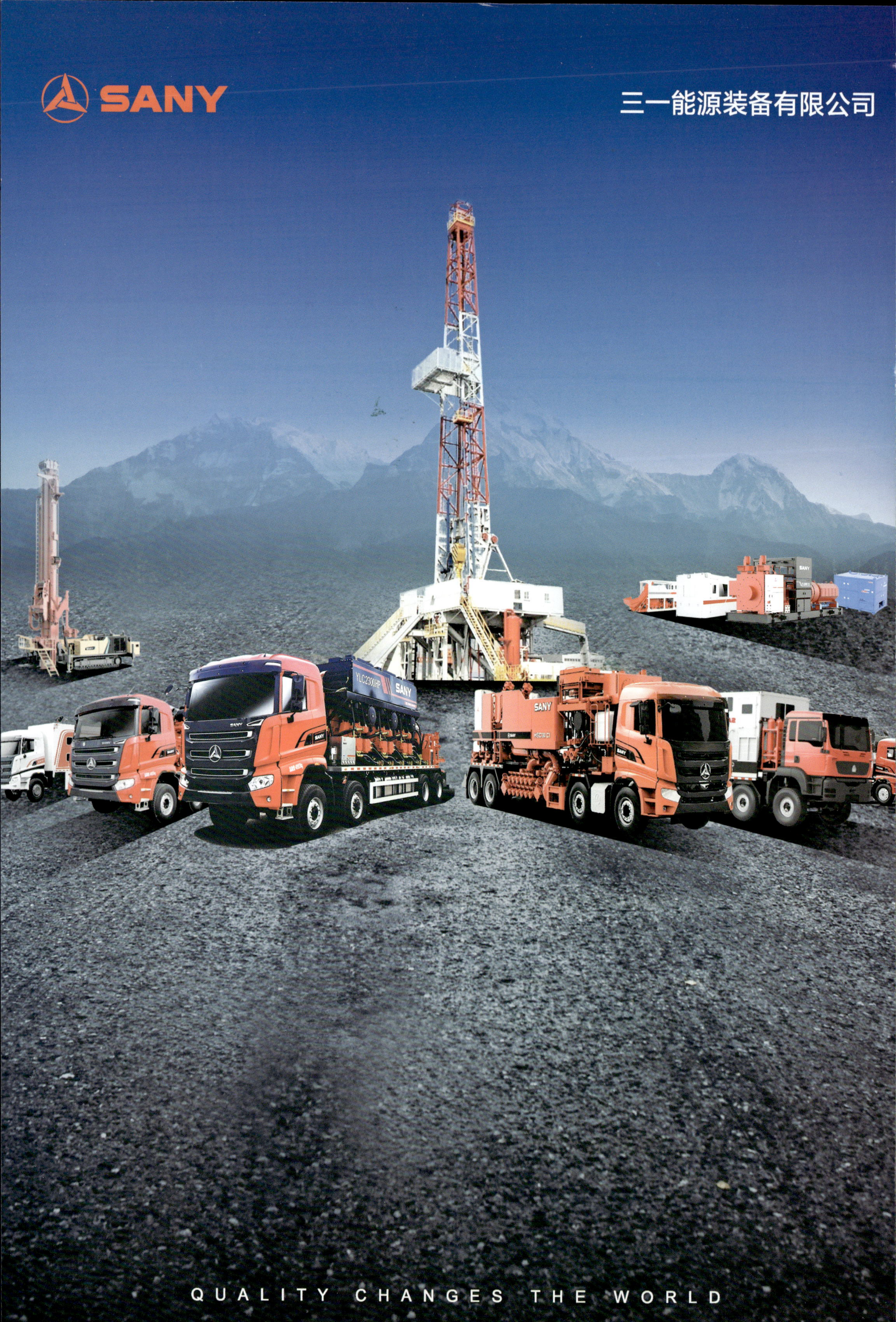
SANY
三一能源装备有限公司
QUALITY CHANGES THE WORLD

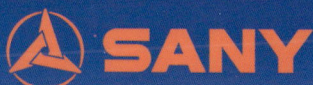